从 零 开始

·中文版·

CorelDRAW X4

基础培训教程

老虎工作室

郭万军 李辉 贾真 编著

U0233610

人民邮电出版社

北 京

图书在版编目（CIP）数据

CorelDRAW X4中文版基础培训教程 / 郭万军，李辉，
贾真编著. -- 北京：人民邮电出版社，2010.7（2023.3重印）
（从零开始）
ISBN 978-7-115-22820-8

Ⅰ. ①C… Ⅱ. ①郭… ②李… ③贾… Ⅲ. ①图形软
件，CorelDRAW X4—教材 Ⅳ. ①TP391.41

中国版本图书馆CIP数据核字(2010)第081415号

♦ 编　著　老虎工作室　郭万军　李　辉　贾　真
　责任编辑　李永涛
♦ 人民邮电出版社出版发行　　北京市丰台区成寿寺路11号
　邮编　100164　电子邮件　315@ptpress.com.cn
　网址　http://www.ptpress.com.cn
　北京天宇星印刷厂印刷
♦ 开本：787×1092　1/16
　印张：13.75　　　　　　　　2010 年 7 月第 1 版
　字数：365 千字　　　　　　2023 年 3 月北京第 39 次印刷
　　　　　　　　ISBN 978-7-115-22820-8

定价：39.00 元（附光盘）
读者服务热线：(010)81055410　印装质量热线：(010)81055316
反盗版热线：(010)81055315

老虎工作室

主　编：　沈精虎

编　委：　许曰滨　　黄业清　　姜　勇　　宋一兵　　高长铎
　　　　　田博文　　谭雪松　　向先波　　毕丽蕴　　郭万军
　　　　　宋雪岩　　詹　翔　　周　锦　　冯　辉　　王海英
　　　　　蔡汉明　　李　仲　　赵治国　　赵　晶　　张　伟
　　　　　朱　凯　　臧乐善　　郭英文　　计晓明　　孙　业
　　　　　滕　玲　　张艳花　　董彩霞　　郝庆文　　田晓芳

关于本书

Corel 公司推出的 CorelDRAW 软件是集矢量图形绘制、文字编辑及图形高品质输出于一体的平面设计软件，自推出之日起一直受到广大平面设计人员和电脑美术爱好者的喜爱。最新的 CorelDRAW X4 软件，不仅保持了以前版本的超强功能，而且在图形的绘制和编辑功能方面又有了较大的改进，进一步巩固了它在图形、图案设计等领域的重要地位。

内容和特点

本书以基础命令讲解结合典型实例制作的形式，详细讲解了 CorelDRAW X4 软件的使用方法和技巧。针对初学者的实际情况，从软件的基本操作入手，深入浅出地讲述软件的基本功能和使用方法。在每一章的最后都给出了练习题，以加深读者对所学内容的掌握。在讲解命令和工具时，除对常用参数进行详细介绍外，对重要和较难理解的内容将以穿插实例的形式进行讲解，达到融会贯通、学以致用的目的，并在较短的时间内全面掌握 CorelDRAW X4 的基本用法。

全书共分 10 讲，各讲的主要内容如下。

- 第 1 讲：基本概念与文件基本操作。介绍学习 CorelDRAW 软件时涉及的一些基本概念，并对 CorelDRAW X4 软件的工作界面做了简单介绍，然后对文件的基本操作做了详细讲解。

- 第 2 讲：页面设置与基本绘图工具。介绍页面添加、删除及设置背景的方法，基本图形绘制工具、挑选工具的使用方法及填充色和轮廓色的设置方法等。

- 第 3 讲：线形、形状和艺术笔工具。介绍各种线形的绘制方法，图形形状的调整方法以及艺术笔工具的使用技巧等。

- 第 4 讲：填充、轮廓与其他编辑工具。介绍图形的特殊填充方法，以及轮廓笔工具和其他编辑工具的使用方法。

- 第 5 讲：交互式工具。介绍了利用交互式工具为图形添加各种特殊效果的方法。

- 第 6 讲：文本和表格工具。介绍了各种文字的输入方法、编辑方法，以及绘制表格并进行编排的方法。

- 第 7 讲：常用菜单命令。介绍常用菜单命令的使用方法。

- 第 8 讲：图像效果应用。介绍效果菜单中常用命令的使用方法。

- 第 9 讲：位图特效。介绍位图菜单中位图的转换与编辑及滤镜命令的功能。

- 第 10 讲：综合实例练习。综合前面学过的工具和菜单命令，进行综合实例的制作，达到学以致用的目的。

读者对象

本书以介绍 CorelDRAW X4 软件的基本工具和菜单命令操作为主，是为将要从事图案设计、服装效果图绘制、平面广告设计、工业设计、室内外装潢设计、CIS 企业形象策划、产品包装造型设计、网页制作、印刷制版等工作的人员及电脑美术爱好者而编写的。本书适合作为 CorelDRAW 的培训教材，也可作为高等院校相关专业师生的参考书。

附盘内容及用法

为了方便读者的学习，本书配有一张光盘，主要内容如下。

1. "图库"目录

该目录下包含 10 个子目录，分别存放本书对应讲中图例及范例制作过程中用到的原始素材。

2. "作品"目录

该目录下包含 10 个子目录，分别存放本书对应讲中范例制作的最终效果。读者在制作完范例后，可以与这些效果进行对照，查看自己所做的是否正确。

3. "彩图效果"目录

该目录下存放本书对应讲中一些插图的彩色效果图。本书是黑白印刷的，在进行操作效果对比时，有些图之间的差异很难用灰度图区分，读者在看到相应的内容（对应的图注有明确说明）时，可以调用本目录中的图片，进行对比参考。

4. "avi"目录

该目录下包含 10 个子目录，分别存放本书对应讲中课后作业案例的动画演示文件。读者如果在制作范例时遇到困难，可以参照这些演示文件进行对比学习。

注意：播放动画演示文件前要安装光盘根目录下的 "tscc.exe" 插件。

5. PPT 文件

本书提供了 PPT 文件，以供教师上课使用。

感谢您选择了本书，希望本书能对您的工作和学习有所帮助，也希望您把对本书的意见和建议告诉我们。

老虎工作室网站 http://www.laohu.net，电子函件 postmaster@laohu.net。

老虎工作室

2010 年 5 月

目　录

基本概念与文件基本操作

CorelDRAW 是由 Corel 公司推出的集图形设计、文字编辑及图形高品质输出于一体的平面设计软件。无论是绘制简单的图形还是进行复杂的设计，该软件都会使用户得心应手。

CorelDRAW X4 版本功能更加强大，操作更为灵活，本讲就先来介绍学习该软件时涉及的一些基本概念及 CorelDRAW X4 的工作界面和基本的文件操作等。本讲课时为 4 小时。

学习目标

◆ 掌握平面设计的基本概念。

◆ 了解平面设计的常用文件格式。

◆ 熟悉CorelDRAW X4的工作界面。

◆ 熟悉工具箱中的工具按钮。

◆ 掌握新建文件与打开文件的方法。

◆ 掌握导入、导出图像的方法。

◆ 掌握图形文件的保存和关闭操作。

1.1 基本概念及 CorelDRAW X4 的工作界面

本节讲解矢量图、位图及常用的几种文件格式等基本知识，然后对 CorelDRAW X4 的工作界面进行简单介绍。

1.1.1 矢量图和位图

矢量图和位图，是根据运用软件以及最终存储方式的不同而生成的两种不同的文件类型。在图像处理过程中，分清矢量图和位图的不同性质是非常必要的。

一、 矢量图

矢量图，又称向量图，是由线条和图块组成的图像。将矢量图放大后，图形仍能保持原来的清晰度，且色彩不失真，如图 1-1 所示。

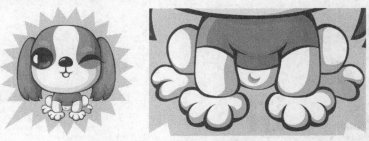

图1-1 矢量图小图和放大后的显示对比效果

矢量图的特点如下。

- 文件小：由于图像中保存的是线条和图块的信息，所以矢量图形与分辨率和图像大小无关，只与图像的复杂程度有关，简单图像所占的存储空间小。
- 图像大小可以无级缩放：在对图形进行缩放、旋转或变形操作时，图形仍具有很高的显示和印刷质量，且不会产生锯齿模糊效果。
- 可采取高分辨率印刷：矢量图形文件可以在任何输出设备上以输出设备的最高分辨率输出。

在平面设计方面，制作矢量图的软件主要有 CorelDRAW、Illustrator、InDesign、FreeHand、PageMaker 等，用户可以用它们对图形和文字等进行处理。

二、 位图

位图，也叫光栅图，是由很多个像小方块一样的颜色网格（即像素）组成的图像。位图中的像素由其位置值与颜色值表示，也就是将不同位置上的像素设置成不同的颜色，即组成了一幅图像。位图图像放大到一定的倍数后，看到的便是一个个方形的色块，整体图像也会变得模糊、粗糙，如图 1-2 所示。

图1-2 位图图像小图与放大后的显示对比效果

位图具有以下特点。

- 文件所占的空间大：用位图存储高分辨率的彩色图像需要较大的存储空间。
- 会产生锯齿：位图是由最小的色彩单位"像素"组成的，所以位图的清晰度与像素的多少有关。位图放大到一定的倍数后，看到的便是一个个方形的色块，即一个个像素，整体图像便会变得模糊且会产生锯齿。
- 位图图像在表现色彩、色调方面的效果比矢量图更加优越，尤其是在表现图像的阴影和色彩的细微变化方面效果更佳。

在平面设计方面，制作位图的软件主要是 Adobe 公司推出的 Photoshop，该软件可以说是目前平面设计中图形图像处理的首选软件。

1.1.2 常用文件格式

CorelDRAW 支持的文件格式非常多，了解各种文件格式对进行图像编辑、保存以及文件转换有很大的帮助。下面来介绍平面设计中常用的几种图形图像文件格式。

- CDR 格式：此格式是 CorelDRAW 专用的矢量图格式，它将图片按照数学方式来计算，以矩形、线、文本、弧形和椭圆等形式表现出来，并以逐点的形式映射到页面上，因此在缩小或放大矢量图形时，原始数据不会发生变化。

- AI 格式：此格式也是一种矢量图格式，在 Illustrator 中经常用到。在 Photoshop 中可以将保存了路径的图像文件输出为 "*.AI" 格式，然后在 Illustrator 和 CorelDRAW 中直接打开它并进行修改处理。

- BMP 格式：此格式是微软公司软件的专用格式，也是常用的位图格式之一，支持 RGB、索引颜色、灰度和位图颜色模式的图像，但不支持 Alpha 通道。

- EPS 格式：此格式是一种跨平台的通用格式，可以说几乎所有的图形图像和页面排版软件都支持该文件格式。它可以保存路径信息，并在各软件之间进行相互转换。另外，这种格式在保存时可选用 JPEG 编码方式压缩，不过这种压缩会破坏图像的外观质量。

- GIF 格式：此格式是由 CompuServe 公司制定的，能存储背景透明化的图像格式，但只能处理 256 种颜色。该格式文件数据量较小，常用于网络传输，并且可以将多张图像存成一个文件而形成动画效果。

- JPEG 格式：此格式是较常用的图像格式，支持真彩色、CMYK、RGB 和灰度颜色模式，但不支持 Alpha 通道。JPEG 格式可用于 Windows 和 Mac 平台，是所有压缩格式中最卓越的。虽然它是一种有损失的压缩格式，但在文件压缩前，可以在弹出的对话框中设置压缩的大小，这样就可以有效地控制压缩时损失的数据量。JPEG 格式也是目前网络可以支持的图像文件格式之一。

- PNG 格式：此格式是 Adobe 公司针对网络图像开发的文件格式。这种格式可以使用无损压缩方式压缩图像文件，并利用 Alpha 通道制作透明背景，是功能非常强大的网络文件格式，但较早版本的 Web 浏览器可能不支持。

- PSD 格式：此格式是 Photoshop 的专用格式。它能保存图像数据的每一个细节，包括图像的层、通道等信息，确保各层之间相互独立，便于以后进行修改。PSD 格式还可以保存为 RGB 或 CMYK 等颜色模式的文件，但惟一的缺点是保存的文件比较大。

- TIFF 格式：此格式是一种灵活的位图图像格式。TIFF 格式可支持 24 个通道，是除了 Photoshop 自身格式外惟一能存储多个通道的文件格式。

1.1.3 CorelDRAW X4 软件窗口

首先来介绍 CorelDRAW X4 软件的启动操作。

一、启动 CorelDRAW X4

若计算机中已安装了 CorelDRAW X4，单击 Windows 桌面左下角任务栏中的 开始 按钮，在弹出的菜单中选择【程序】/【CorelDRAW Graphics Suite X4】/【CorelDRAW X4】命令，即可启动该软件。

启动 CorelDRAW X4 中文版软件后，界面中将显示如图 1-3 所示的【欢迎屏幕】窗口。在此窗口中，读者可以根据需要选择不同的标签选项。单击右上角的【新建空白文档】图标，即可进入 CorelDRAW X4 的工作界面，并新建一个图形文件。

图1-3　【欢迎屏幕】窗口

除了使用上面的方法外，启动 CorelDRAW X4 的方法还有以下两种。

(1)　如桌面上有 CorelDRAW X4 软件的快捷方式图标，可双击该图标启动。

(2)　双击计算机中保存的"*.cdr"格式的文件。

二、　工作界面

启动 CorelDRAW X4 软件并新建空白文档后，即可进入 CorelDRAW X4 的工作界面，如图 1-4 所示。

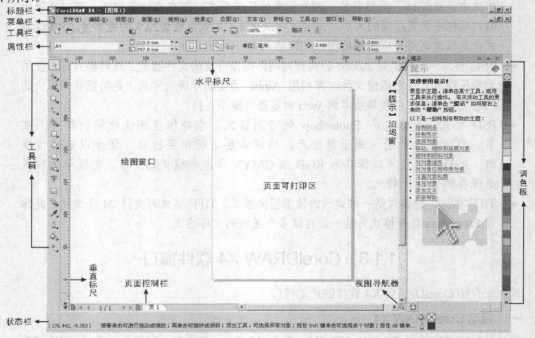

图1-4　界面窗口布局

CorelDRAW X4 界面窗口按其功能可分为标题栏、菜单栏、工具栏、属性栏、工具箱、状态栏、页面控制栏、调色板、泊坞窗、标尺、视图导航器、页面可打印区及绘图窗口等几部分，下面介绍各部分的功能和作用。

- 标题栏：标题栏的默认位置位于界面的最顶端，主要显示当前软件的名称、版本号以及编辑或处理图形文件的名称，其右侧有 3 个按钮，主要用来控制工作界面的大小切换及关闭操作。
- 菜单栏：菜单栏位于标题栏的下方，包括文件、编辑、视图以及窗口的设置和帮助等命令，每个菜单下又有若干个子菜单，选择任意子菜单中的命令可以执行相应的操作。
- 工具栏：工具栏位于菜单栏的下方，是菜单栏中常用菜单命令的快捷工具按钮。单击这些按钮，就可执行相应的菜单命令。
- 属性栏：属性栏位于工具栏的下方，是一个上下相关的命令栏，选择不同的工具或对象，将显示不同的图标按钮和属性设置选项，具体内容详见各工具的属性讲解。
- 工具箱：工具箱位于工作界面的最左侧，它是 CorelDRAW 常用工具的集合，包括各种绘图工具、编辑工具、文字工具和效果工具等。单击任一按钮，则选择相应的工具进行操作。
- 状态栏：状态栏位于工作界面的最底部，提示当前鼠标指针所在的位置及图形操作的简要帮助和对象的有关信息等。
- 页面控制栏：页面控制栏位于状态栏的上方左侧位置，用来控制当前文件的页面添加、删除、切换方向和跳页等操作。
- 调色板：调色板位于工作界面的右侧，是给图形添加颜色的最快途径。单击调色板中的任意一种颜色，可以将其添加到选择的图形上；在选择的颜色上单击鼠标右键，可以将此颜色添加到选择图形的边缘轮廓上。
- 泊坞窗：泊坞窗位于调色板的左侧，在 CorelDRAW X4 中共提供了 27 种泊坞窗。利用这些泊坞窗可以对当前图形的属性、效果、变换和颜色等进行设置和控制。执行【窗口】/【泊坞窗】子菜单下的命令，即可将相应的泊坞窗显示或隐藏。
- 标尺：默认状态下，在绘图窗口的上边和左边各有一条水平和垂直的标尺，其作用是在绘制图形时帮助用户准确地绘制或对齐对象。
- 视图导航器：视图导航器位于绘图窗口的右下角，利用它可以显示绘图窗口中的不同区域。将鼠标指针放置在【视图导航器】按钮 上，按下鼠标左键不放，然后在弹出的小窗口中拖曳鼠标，即可显示绘图窗口中的不同区域。注意，只有在页面放大显示或以 100%显示时，即页面可打印区域不在绘图窗口的中心位置时才可用。
- 页面可打印区：页面可打印区是位于绘图窗口中的一个矩形区域，可以在上面绘制图形或编辑文本等。当对绘制的作品进行打印输出时，只有页面打印区内的图形可以打印输出。
- 绘图窗口：是指工作界面中的白色区域，在此区域中可以绘制图形或编辑文本，只是在打印输出时，只有位于页面可打印区中的内容才可以被打印输出。

三、 退出 CorelDRAW X4

单击 CorelDRAW X4 界面窗口右侧的【关闭】按钮 ，即可退出 CorelDRAW X4。

执行【文件】/【退出】命令或按 Ctrl+Q 键、Alt+F4 键也可以退出 CorelDRAW X4。

退出软件时，系统会关闭所有的文件，如果打开的文件编辑后或新建的文件没保存，系统会给出提示，让用户决定是否保存。

1.1.4 认识工具

将鼠标指针移动到工具箱中的任一工具上时，该工具将突起显示，如果鼠标指针在工具上停留一段时间，鼠标指针的右下角会显示该工具的名称，如图 1-5 所示。单击工具箱中的任一工具可将其选择。另外，绝大多数工具的右下角带有黑色的小三角形按钮，表示该工具是个工具组，还有其他同类隐藏的工具，将鼠标指针放置在这样的三角形按钮上按下鼠标左键不放，即可将隐藏的工具显示出来，如图 1-6 所示。移动鼠标指针至展开工具组中的任意一个工具上单击，即可将其选择。

图1-5 工具名称

图1-6 显示出的隐藏工具

工具箱以及工具箱中隐藏的工具如图 1-7 所示。

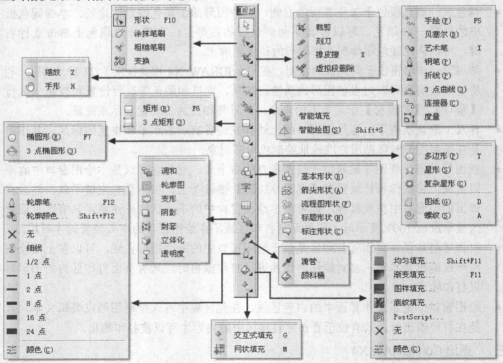

图1-7 工具箱以及隐藏的工具

工具名称后面的字母或数字为选择该工具的快捷键，如选择【缩放】工具，可按键盘中的 Z 键．需要注意的是，利用快捷键的方法选择工具时，输入法必须为英文输入法，否则系统会默认输入文字。

如果该组工具经常使用，可以将鼠标指针移动到该组工具上方的 位置，按下鼠标左键并向绘图窗口中拖曳，将其拖离工具箱，该组工具将作为一个单独的工具栏显示在绘图窗口中。

1.2 文件的新建与打开

本节讲解文件的新建和打开操作，这是用户进行工作的前提。

1.2.1 功能讲解

新建文件的方法主要有以下几种。

- 启动软件后，在弹出的【欢迎屏幕】窗口中选择【新建空白文档】选项。如【欢迎屏幕】窗口被禁用，则启动 CorelDRAW X4 软件时，系统会直接创建一个新的图形文件。
- 进入软件的工作界面后，执行【文件】/【新建】命令（快捷键为 Ctrl+N ），或在工具栏中单击【新建】按钮 。

打开文件的方法分别如下。

- 在【欢迎屏幕】窗口中单击 打开其他文档 按钮，在弹出的【打开绘图】对话框中选择需要打开的图形文件，再单击 打开 按钮，即可将文件打开。
- 进入工作界面后，执行【文件】/【打开】命令（快捷键为 Ctrl+O ），或在工具栏中单击【打开】按钮 ，也可进行打开文件操作。

1.2.2 范例解析（一）——新建文件

下面以新建一个尺寸为"B5"、页面方向为"横向"的图形文件为例，来详细讲解新建文件操作。

1. 启动 CorelDRAW X4 软件，在弹出的【欢迎屏幕】窗口中单击【新建空白文档】图标。
2. 在属性栏中的 A4 下拉列表中选择"B5（ISO）"，属性栏中的页面大小选项将自动切换为 B5 的尺寸 176.0 mm / 250.0 mm 。
3. 单击属性栏中的 按钮，即可将图形文件设置为横向。

在【纸张类型/大小】下拉列表中有【B5（ISO）】和【B5（JIS）】两个选项。其中【B5（ISO）】是国际标准，页面尺寸为176mm×250mm；【B5（JIS）】是日本标准，页面尺寸为182mm×257mm。

1.2.3 范例解析（二）——打开文件

下面以打开 CorelDRAW X4 安装盘符"\Program Files\Corel\CorelDRAW Graphics Suite X4\Draw\Samples"目录下名为"Sample3.cdr"的文件为例，来详细讲解打开文件操作。

如果想打开计算机中保存的图形文件，首先要知道文件的名称及文件保存的路径，即在计算机硬盘的哪一个分区中、分区的哪一个文件夹内，这样才能够顺利地打开保存的图形文件。

4. 单击工具栏中的 按钮，弹出【打开绘图】对话框。

5. 在【打开绘图】对话框中的【查找范围】下拉列表中选择 "C" 盘，如图 1-8 所示。

6. 进入 "C" 盘后，依次双击下方窗口中的 "\Program Files\Corel\CorelDRAW Graphics Suite X4\Draw\Samples" 文件夹，在【打开绘图】对话框中即可显示文件夹中的所有文件，如图 1-9 所示。

图1-8　选择的盘符　　　　　　　　　　　　　图1-9　文件夹中的图形文件

7. 选择名为 "Sample3.cdr" 的文件，单击 打开 按钮，此时绘图窗口中即显示打开的图形文件，如图 1-10 所示。

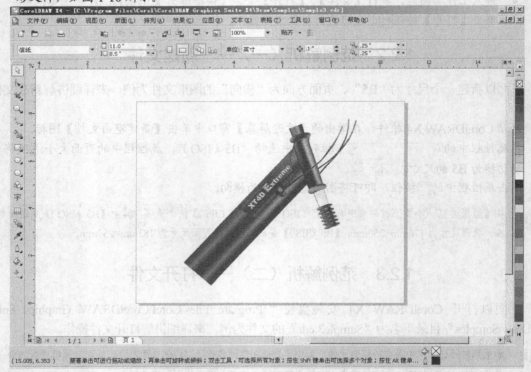

图1-10　打开的图形文件

在以后的练习和实例制作过程中将调用光盘中的图片，届时将直接叙述为：打开或导入附盘中 "**" 目录下名为 "*.*" 的文件，希望读者注意。另外，读者也可以将附盘中的内容复制到自己计算机中的相应盘符下，这样方便以后调用。

1.2.4　课堂实训——文件窗口的切换

在实际工作过程中如果创建或打开了多个文件，并且在多个文件之间需要调用图形，此时就会遇到文件窗口的切换问题。下面以 "将宣传单内页中的椅子图形复制到封面图形中" 为例，来讲解文件窗口的切换操作。

【步骤提示】

1. 执行【文件】/【打开】命令，在弹出的【打开绘图】对话框中选择附盘中的 "图库\第 01 讲" 目录。

2. 将鼠标指针移动到 "封面.cdr" 文件名称上单击将其选择，然后按住 Ctrl 键单击 "内页.cdr" 文件，将两个文件同时选择。

3. 单击 打开 按钮，即可将两个文件同时打开，当前显示的为 "封面" 文件。

4. 执行【窗口】/【内页.cdr】命令，将 "内页" 文件设置为工作状态，然后选择 工具，并将鼠标指针放置到如图 1-11 所示的位置单击，将椅子图形选择。

5. 单击工具栏中的 按钮，将选择的椅子图形复制。

6. 执行【窗口】/【封面.cdr】命令，将 "封面" 文件设置为工作状态，然后单击工具栏中的 按钮，将复制的椅子图形粘贴到当前页面中。

7. 将鼠标指针放置到粘贴的椅子图形上按下鼠标左键并向左上方拖曳，将其移动到如图 1-12 所示的位置。

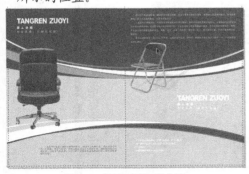

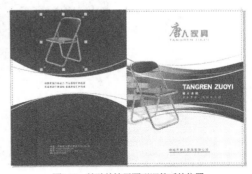

图1-11　鼠标指针放置的位置　　　　　　　　　　图1-12　粘贴的椅子图形调整后的位置

 如果创建了多个文件，每一个文件名称都会罗列在【窗口】菜单下，选择相应的文件名称可以切换文件。另外，单击当前页面菜单栏右侧的 按钮，将文件都设置为还原状态显示，再直接单击相应文件的标题栏或页面控制栏同样可以将文件切换。

1.3　文件的导入与导出

本节讲解文件的导入与导出操作。灵活运用图形的导入与导出操作，可在实际操作过程中带来很大的方便。

1.3.1　功能讲解

利用菜单栏中的【文件】/【导入】命令可以导入【打开】命令所不能打开的图像文件，如"PSD"、"TIF"、"JPG"和"BMP"等格式的图像文件。

导入文件的方法主要有以下两种。

- 执行【文件】/【导入】命令（快捷键为 Ctrl+I）。
- 单击工具栏中的【导入】按钮。

利用菜单栏中的【文件】/【导出】命令，可以将在 CorelDRAW 软件中绘制的图形导出为其他软件所支持的文件格式，以便在其他软件中顺利地进行编辑。

导出文件也有两种方法。

- 确定要导出的图形后，执行【文件】/【导出】命令（快捷键为 Ctrl+E）。
- 单击工具栏中的【导出】按钮。

1.3.2　范例解析（一）——导入文件

本节以实例的形式来详细讲解导入图形的具体操作。

1. 按 Ctrl+O 键，在弹出的【打开】对话框中，选择附盘中"图库\第 01 讲"目录下名为"雪景.cdr"的文件。

2. 单击　　打开　　按钮，将选择的文件打开，如图 1-13 所示。

图1-13　打开的文件

3. 执行【文件】/【导入】命令或单击工具栏中的按钮，即弹出【导入】对话框（弹出的对话框是上次导入文件时所搜寻的路径）。

4. 在弹出的【导入】对话框中，选择附盘中"图库\第 01 讲"目录下名为"雪人.psd"的文件，然后单击　　导入　　按钮。

5. 当鼠标指针显示为如图 1-14 所示带文件名称和说明文字的图标时，单击即可将选择的文件导入。

6. 将鼠标指针移动到导入的图形上按下鼠标左键并拖曳，可调整导入图形的位置，即将导入的图形移动到如图 1-15 所示的位置。

万人.psd
w: 327.406 mm, h: 399.542 mm
单击并拖动以便重新设置尺寸。
按 Enter 可以居中。
按空格键以使用原始位置。

图1-14　导入文件时的鼠标指针状态　　　　　　　　　　　图1-15　导入的图形

当鼠标指针显示为带文件名称和说明的 ⌐ 图标时拖曳鼠标，可以将选择的图像以拖曳框的大小导入。如直接按 Enter 键，可将选择的图像文件或图像文件中的指定区域导入到绘图窗口中的居中位置。另外，在导入 JPG、BMP、GIF 或 TIF 等格式的图像时，还可以对图像重新取样以缩小文件的大小，或者裁剪位图，以选择要导入图像的准确区域和大小。具体操作为：在【导入】对话框中的【文件类型】下拉列表中分别选择【裁剪】或【重新取样】选项即可。

1.3.3　范例解析（二）——导出文件

下面以导出 "*.jpg" 格式的图像文件为例来详细讲解导出文件的具体方法。

1. 绘制完一副作品后，选择需要导出的图形。

要点提示 在导出图形时，如果没有任何图形处于选择状态，系统会将当前文件中的所有图形导出。如先选择了要导出的图形，并在弹出的【导出】对话框中勾选【只是选定的】复选项，系统只会将当前选择的图形导出。

2. 执行【文件】/【导出】命令或单击工具栏中的 按钮，将弹出如图 1-16 所示的【导出】对话框。

图1-16　【导出】对话框

- 【文件名】选项：在右侧的文本框中可以输入文件导出后的名称。
- 【保存类型】选项：在该下拉列表中选择文件的导出格式，以便在指定的软件中能够打开导出的文件。

> **要点提示** 在 CorelDRAW X4 中最常用的导出格式有："*.AI" 格式，可以在 Photoshop、Illustrator 等软件中直接打开并编辑；"*.JPG" 格式，是最常用的压缩文件格式；"*.PSD" 格式，是 Photoshop 的专用文件格式，将图形文件导出为此格式后，在 Photoshop 中打开，各图层将独立存在，前提是在 CorelDRAW 中必须分层创建各图形；"*.TIF" 格式，是制版输出时常用的文件格式。

3. 在【保存类型】下拉列表中将导出的文件格式设置为 "JPG - JPEG Bitmaps"，然后单击 导出 按钮。
4. 在弹出的【转换为位图】对话框中设置好各选项后，单击 确定 按钮，即可完成文件的导出操作。此时启动 Photoshop 软件或 ACDsee 看图软件，按照导出文件的路径，即可将导出的图形文件打开并进行编辑或特效处理等操作。

1.3.4 课堂实训——按印刷要求导出图形文件

下面主要利用【导出】命令将第 1.3.2 小节合成的画面输出为印刷稿，要求画面的最终成品尺寸为 800mm×600mm。

【步骤提示】

1. 确认第 1.3.2 小节组合的文件为当前工作文件，然后按 Esc 键取消任何图形的选择状态。
2. 按 Ctrl+E 键，弹出【导出】对话框，在【保存在】下拉列表中选择"桌面"，即将图像输出到桌面上，然后将【文件名】设置为"圣诞贺卡"，将【保存类型】设置为 "TIF-TIFF Bitmap"。
3. 单击 导出 按钮，弹出【转换为位图】对话框，设置各选项如图 1-17 所示。

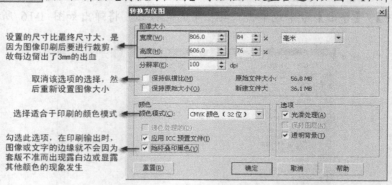

图1-17 【转换为位图】对话框

4. 单击 确定 按钮，即可将当前画面按要求输出。

1.4 文件的保存与关闭

当对文件进行绘制或编辑处理后，不想再对此文件进行任何操作，就可以将其保存后关闭。保存文件时主要分两种情况，在保存文件之前，一定要分清用哪个命令进行操作，以免造成不必要的麻烦。

- 对于在新建文件中绘制的图形，如果要对其保存，可执行【文件】/【保存】命令（快捷键为 Ctrl+S）或单击工具栏中的 🖫 按钮，也可执行【文件】/【另存为】命令（快捷键为 Ctrl+Shift+S）。
- 对于打开的文件进行编辑修改后，执行【文件】/【保存】命令，可将文件直接保存，且新的文件将覆盖原有的文件；如果保存时不想覆盖原文件，可执行【文件】/【另存为】命令，将修改后的文件另存，同时还保留原文件。

关闭文件的方法主要有以下两种。

- 单击图形文件标题栏右侧的 ⊠ 按钮。
- 执行【文件】/【关闭】命令或【窗口】/【关闭】命令。

要点提示 如打开很多文件想全部关闭，此时可执行【文件】/【全部关闭】命令或【窗口】/【全部关闭】命令，即可将当前的所有图形文件全部关闭。

1.5 课后作业

1. 打开 CorelDRAW X4 安装盘符 "\Program Files\Corel\CorelDRAW Graphics Suite X4\Tutor Files" 目录下名为 "business_card_logo.cdr" 的文件，然后以名称为 "标志"、格式为 "jpg" 的方式导出至本地硬盘 "D:\作品" 文件夹中。"作品" 为新建的文件夹。

2. 新建版心为横向 "A4" 大小、各边出血为 "3mm" 的图形文件，然后将附盘中 "图库\第 01 讲" 目录下名为 "背景.jpg" 和 "人物.cdr" 的文件依次导入，组合出如图 1-18 所示的购物海报，完成作品的设计，最后将此文件命名为 "购物海报.cdr" 保存，并以 "TIFF" 格式输出。操作动画参见光盘中的 "操作动画\第 01 讲\海报.avi" 文件。

图1-18 设计的购物海报

第 2 讲

页面设置与基本绘图工具

本讲主要讲解页面设置与基本绘图工具的应用，包括页面的大小设置、背景设置、插入页面、删除页面和转换页面以及各种基本绘图工具和【选择】工具的应用。本讲的内容是学习 CorelDRAW X4 软件的基础，希望读者将本讲熟练掌握，为今后的设计打下坚实的基础。本讲课时为 6 小时。

ℹ️ **学习目标**

◆ 掌握设置页面的方法。
◆ 了解页面控制栏的快速应用。
◆ 掌握各基本绘图工具的应用。
◆ 掌握【挑选】工具的功能及使用方法。
◆ 掌握图形的复制和变换操作。
◆ 熟悉各种设置颜色的方法。
◆ 熟悉利用CorelDRAW X4进行工作的方法。

2.1 页面设置

对于设计者来说，设计一幅作品的首要前提是要正确设置文件的页面。

2.1.1 功能讲解

本小节主要讲解页面背景的设置及多页面的添加、删除和重命名等操作。

一、页面大小及方向的设置

页面大小及方向的设置除第 1.2.2 小节讲解的方法外，还可利用菜单命令来设置。执行【版面】/【页面设置】命令，弹出如图 2-1 所示的【选项】对话框。

> 🔺**要点提示** 将鼠标指针移动到绘图窗口中页面的轮廓或阴影处双击，或单击工具栏中的【选项】按钮⚙️，也可以打开【选项】对话框来设置页面的大小。

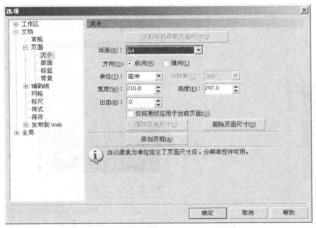

图2-1 【选项】对话框（大小）

- 【纵向】、【横向】与【纸张】选项：与属性栏中的【纵向】按钮、【横向】按钮和
  A4 ▼选项相同。
- 当在【纸张】下拉列表中选择【自定义】选项时，可以在下面的【宽度】和【高
  度】选项窗口中设置需要的纸张尺寸。
- 【仅将更改应用于当前页面】选项：勾选此复选项，在多页面文档中可以调整指定
  页的大小或方向。如不勾选此复选项，在调整指定页面的大小或方向时，所有页面
  将同时调整。

在【选项】对话框设置完页面的有关选项后，单击 确定 按钮，绘图窗口中的页面就会采
用当前设置的页面大小和方向。

二、 页面背景设置

利用【页面背景】命令，可以为当前文件的背景添加单色或图像，执行【版面】/【页面背
景】命令，将弹出如图2-2所示的【选项】对话框。

- 【无背景】选项：点选此
  单选项，绘图窗口的页面
  将显示为白色。
- 【纯色】选项：点选此单
  选项，后面的 ▼ 按钮即
  变为可用，单击此按钮，
  将弹出如图2-3所示的【颜
  色】列表。在【颜色】列
  表中选择任意一种颜色，
  可以将其作为背景色。当
  单击 其它(O)... 按钮时，
  将弹出如图2-4所示的【选
  择颜色】对话框，在此对
  话框中可以设置需要的其他背景颜色。

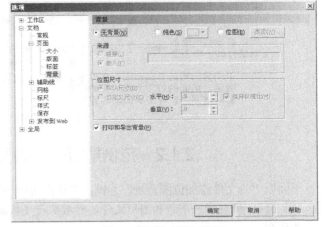

图2-2 【选项】对话框（背景）

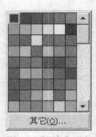

图2-3 【颜色】列表

图2-4 【选择颜色】对话框

- 【位图】选项：点选此单选项，后面的 浏览(W)... 按钮即变为可用，单击此按钮，可在弹出的【导入】对话框中选择一幅位图图像，单击 导入 按钮后即可将选择的图像导入到工作区域中，作为当前页面的背景。

三、 添加和删除页面

在编排设计画册等多页面的文件时，添加和删除页面操作是必须的，下面来分别讲解。

- 执行【版面】/【插入页】命令，可以在当前的文件中插入一个或多个页面。
- 执行【版面】/【删除页面】命令，可以将当前文件中的一个或多个页面删除，当图形文件只有一个页面时，此命令不可用。
- 执行【版面】/【重命名页面】命令，可以对当前页面重新命名。
- 执行【版面】/【转到某页】命令，可以直接转到指定的页面。当图形文件只有一个页面时，此命令不可用。

四、 页面控制栏的快速应用

页面控制栏位于界面窗口下方的左侧位置，主要显示当前页码、页总数等信息，如图2-5所示。

图2-5 页面控制栏

2.1.2 范例解析——为页面添加背景

下面以"为文件添加位图背景"为例，来详细讲解设置页面背景操作。

1. 按 Ctrl+N 键创建一个新的图形文件，然后执行【版面】/【切换页面方向】命令，将页面设置为横向。

2. 执行【版面】/【页面背景】命令，在弹出的【选项】对话框中点选【位图】单选项，然后单击 浏览(W)... 按钮，在弹出的【导入】对话框中，选择附盘中"图库\第 02 讲"目录下名为"背景.jpg"的图片文件。

3. 单击 [导入] 按钮，将背景图像导入，此时选择的图像文件名和路径就会显示在【选项】
   对话框中的【来源】选项文本框中，如图2-6所示。

   - 【链接】选项：点选此单选项，系统会将导入的位图背景与当前图形文件链接。当
     对源位图文件进行更改后，图形文件中的背景也将随之改变。
   - 【嵌入】选项：点选此单选项，系统会将导入的位图背景嵌入到当前的图形文件
     中。当对源位图文件进行更改后，图形文件中的背景不会发生变化。
   - 【默认尺寸】选项：默认状态下 CorelDRAW 软件会采用位图的原尺寸，如果作为
     背景的位图图像的尺寸比页面背景的尺寸小时，该背景图像就会平铺显示以填满整
     个背景。
   - 【自定义尺寸】选项：点选此单选项，然后在【X】或【Y】选项右侧的文本框中可
     以输入新的位图尺寸。如果将【保持纵横比】选项的勾选取消，则可以在【X】或
     【Y】选项中指定不成比例的位图尺寸。
   - 【打印和导出背景】选项：如果取消该选项的选择，设置的背景将只能在显示器上
     看到，不能被打印输出。

4. 点选【自定义尺寸】单选项，并将【水平】值设置为"297"，然后单击 [确定(O)] 按钮，此时
   绘图窗口中的页面背景将变为如图2-7所示的形态。

图2-6 选择背景文件后的【选项】对话框

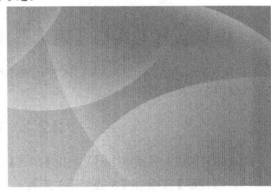

图2-7 添加的页面背景

 作为背景的图像不能被移动、删除或编辑。如果想取消背景图像，则需再次调出【选项】对话框，并点选
【无背景】单选项，单击 [确定(O)] 按钮即可。

2.1.3 课堂实训——设置多页面文件

要求新建一个大小为 42cm×28.5cm 的宣传单文件，且该文件包括两个页面，分别为封面和
内页。

【步骤提示】

1. 新建文件后，利用【版面】/【页面设置】命令来设置页面大小，因为要求的最终成品尺寸为
   42cm×28.5cm，且要设置 3mm 的出血，所以在设置版面的尺寸时，应该将页面设置为
   42.6cm×29.1cm 的大小，如图 2-8 所示。

2. 单击页面控制栏中 [页1] 前面的 [+] 按钮，在当前页的后面添加一个页面，然后单击 [页1] 按
   钮，将其设置为工作状态。

3. 执行【版面】/【重命名页面】命令，在弹出的【重命名页面】对话框中将页名设置为"封面"，然后单击 确定 按钮。

4. 单击 页2 ，将其设置为工作状态，然后用与步骤 3 相同的方法将其命名为"内页"，重命名后的页面控制栏如图 2-9 所示。

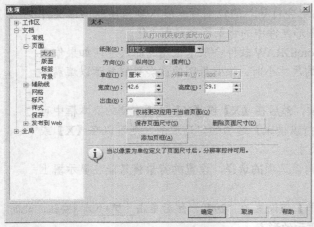

图2-8 设计的页面尺寸

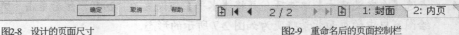

图2-9 重命名后的页面控制栏

2.2 基本绘图工具与【挑选】工具

本节主要来讲解 CorelDRAW X4 中的基本绘图工具和【挑选】工具，希望读者能熟练掌握各工具的使用方法和属性设置。

2.2.1 功能讲解

下面来详细讲解各基本绘图工具和【挑选】工具的功能、使用方法及属性设置。

一、【矩形】工具和【3 点矩形】工具

利用【矩形】工具 □ 可以绘制矩形、正方形和圆角矩形。选择 □ 工具（或按 F6 键），然后在绘图窗口中拖曳鼠标，释放鼠标左键后，即可绘制出矩形。如按住 Ctrl 键拖曳鼠标指针则可以绘制正方形。双击 □ 工具，可创建一个与页面打印区域相同大小的矩形。

利用【3 点矩形】工具 □ 可以直接绘制倾斜的矩形、正方形和圆角矩形。选择 □ 工具后，在绘图窗口中按下鼠标左键不放，然后向任意方向拖曳，确定矩形的宽度，确定后释放鼠标左键，再移动鼠标指针到合适的位置，确定矩形的高度，确定后单击即可完成倾斜矩形的绘制。在绘制倾斜矩形之前，如按住 Ctrl 键拖曳鼠标，可以绘制倾斜角为 15° 倍数的正方形。设置相应的【矩形的边角圆滑度】选项，可直接绘制倾斜的圆角图形。

【矩形】工具的属性栏如图 2-10 所示。

图2-10 【矩形】工具的属性栏

- 【对象位置】选项 ：表示当前绘制图形的中心与打印区域坐标（0,0）在水平方向与垂直方向上的距离。调整此选项的数值，可改变矩形的位置。

- 【对象大小】选项：表示当前绘制图形的宽度与高度值。通过调整其数值可以改变当前图形的尺寸。
- 【缩放因素】选项：按照百分数来决定调整图形的宽度与高度值。将数值设置为"200%"时，表示将当前图形放大为原来的两倍。
- 【不成比例的缩放/调整比率】按钮：激活此按钮，调整【缩放因素】选项中的任意一个数值，另一个数值将不会随之改变。相反，当不激活此按钮时，调整任意一个数值，另一个数值将随之改变。
- 【旋转角度】选项：输入数值并按 Enter 键确认后，可以调整当前图形的旋转角度。
- 【水平镜像】按钮和【垂直镜像】按钮：单击相应的按钮，可以使当前选择的图形进行水平或垂直镜像。
- 【边角圆滑度】选项：控制图形的边角圆滑程度。当激活右上角的【全部圆角】按钮时，改变其中一个数值，其他 3 个数值将会一起改变，此时绘制矩形的圆角程度相同。反之，则可以设置不同的圆角度。
- 【段落文本换行】按钮：当图形位于段落文本的上方时，为了使段落文本不被图形覆盖，可以使用此按钮中包含的其他功能将段落文本与图形进行组合，使段落文本绕图排列。
- 【轮廓宽度】选项：在该下拉列表中选择图形需要的轮廓线宽度。当需要的轮廓宽度在下拉列表中没有时，可以直接在键盘中输入需要的线宽数值。
- 【到图层前面】按钮和【到图层后面】按钮：当绘图窗口中有很多个叠加的图形，要将其中一个图形调整至所有图形的前面或后面时，可先选择该图形，然后分别单击或按钮。
- 【转换为曲线】按钮：单击此按钮，可以将不具有曲线性质的图形转换成具有曲线性质的图形，以便于对其形态进行调整。

二、【椭圆形】工具和【3 点椭圆形】工具

利用【椭圆形】工具可以绘制圆形、椭圆形、饼形或弧线等。选择工具（或按 F7 键），然后在绘图窗口中拖曳鼠标，即可绘制椭圆形；如按住 Shift 键拖曳，可以绘制以鼠标按下点为中心向两边等比例扩展的椭圆形；如按住 Ctrl 键拖曳，可以绘制圆形；如按住 Shift+Ctrl 键拖曳，可以绘制以鼠标按下点为中心，向四周等比例扩展的圆形。

利用【3 点椭圆形】工具可以直接绘制倾斜的椭圆形。选择工具后，在绘图窗口中按下鼠标左键不放，然后向任意方向拖曳，确定椭圆一轴的长度，确定后释放鼠标左键，再移动鼠标确定椭圆另一轴的长度，确定后单击即可完成倾斜椭圆形的绘制。

【椭圆形】工具的属性栏如图 2-11 所示。

图2-11 【椭圆形】工具的属性栏

- 【椭圆形】按钮：激活此按钮，可以绘制椭圆形。
- 【饼形】按钮：激活此按钮，可以绘制饼形图形。
- 【弧形】按钮：激活此按钮，可以绘制弧形图形。

在属性栏中依次激活按钮、按钮和按钮，绘制的图形效果如图 2-12 所示。

图2-12 激活不同按钮时绘制的图形

 当有一个椭圆形处于选择状态时，单击 ⚪ 按钮可使椭圆形变为饼形图形；单击 ⚪ 按钮可使椭圆形变为弧形图形，即这 3 种图形可以随时转换使用。

- 【起始和结束角度】选项 ⚪ 90. ：用于调节饼形与弧形图形的起始角至结束角的角度大小。图 2-13 所示为调整不同数值时的图形对比效果。
- 【方向】按钮 ⚪，可以使饼形图形或弧形图形的显示部分与缺口部分进行调换。图 2-14 所示为使用此按钮前后的图形对比效果。

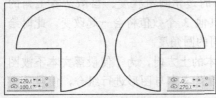

图2-13 调整不同数值时的图形对比效果

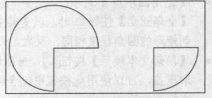

图2-14 使用 ⚪ 按钮前后的图形对比效果

三、【多边形】工具

利用【多边形】工具 ⚪ 可以绘制多边形图形，在绘制之前可在属性栏中设置绘制图形的边数。选择 ⚪ 工具（或按 Y 键），并在属性栏中设置多边形的边数，然后在绘图窗口中拖曳鼠标，即可绘制出多边形图形。

【多边形】工具属性栏中的【多边形上的点数】选项 ⚪ 5 用于设置多边形的边数，在文本框中输入数值即可。另外，单击数值后面上方的小黑三角符号，可以增加多边形的边数，每单击一次增加一条。相反，单击下方的小黑三角符号，可以减少多边形的边数，每单击一次就会减少一条。

四、【星形】工具和【复杂星形】工具

利用【星形】工具 ⚪ 可以绘制星形图形。选择 ⚪ 工具，并在属性栏中设置星形的边数，然后在绘图窗口中拖曳鼠标即可绘制出星形图形。

利用【复杂星形】工具 ⚪ 可以绘制复杂的星形图形。选择 ⚪ 工具，并在属性栏中设置星形的边数，然后在绘图窗口中拖曳鼠标即可绘制出复杂的星形图形。

【星形】工具的属性栏如图 2-15 所示。

图2-15 【星形】工具的属性栏

- 【星形的点数】选项 ☆ 5 ：用于设置星形的角数，取值范围为 "3～500"。
- 【星形的锐度】选项 ▲ 53 ：用于设置星形图形边角的锐化程度，取值范围为 "1～99"。图 2-16 所示为分别将此数值设置为 "20" 和 "50" 时，星形图形的对比效果。

 绘制基本星形之后，利用【形状】工具 ⚪ 选择图形中的任一控制点拖曳，可调整星形图形的锐化程度。

【复杂星形】工具的属性栏与【星形】工具属性栏中的选项参数相同，只是选项的取值范围及使用条件不同。

- 【复杂星形的点数】选项 ⚙ 9 ⬍：用于设置复杂星形的角数，取值范围为 "5～500"。
- 【复杂星形的锐度】选项 ⚠ 2 ⬍：用于控制复杂星形边角的尖锐程度，此选项只有在点数至少为 "7" 时才可用。此选项的最大数值与绘制复杂星形的边数有关，边数越多，取值范围越大。设置不同的参数时，复杂星形的对比效果如图 2-17 所示。

图2-16　设置不同锐度的星形效果

图2-17　设置不同锐度的复杂星形效果

五、【图纸】工具和【螺纹】工具

利用【图纸】工具 ▦ 可以绘制网格图形。选择 ▦ 工具（或按 `D` 键），并在属性栏中设置图纸的行数和列数，然后在绘图窗口中拖曳鼠标，即可绘制出网格图形。

利用【螺纹】工具 ◎ 可以绘制螺旋线。选择 ◎ 工具（或按 `A` 键），并在属性栏中设置螺旋线的圈数，然后在绘图窗口中拖曳鼠标，即可绘制出螺旋线。

【图纸】工具的属性栏如图 2-18 所示。

- 【图纸列数】选项 ▦ 4 ▼▲：决定绘制网格的列数。
- 【图纸行数】选项 ▥ 3 ▼▲：决定绘制网格的行数。

【螺纹】工具的属性栏如图 2-19 所示。

图2-18　【图纸】工具的属性栏

图2-19　【螺纹】工具的属性栏

- 【螺纹回圈】选项 ◎ 4 ⬍：决定绘制螺旋线的圈数。
- 【对称式螺纹】按钮 ◎：激活此按钮，绘制的螺旋线每一圈之间的距离都会相等。
- 【对数式螺纹】按钮 ◎：激活此按钮，绘制的螺旋线每一圈之间的距离不相等，是渐开的。

图 2-20 所示为激活 ◎ 按钮和 ◎ 按钮时绘制出的螺旋线效果。

- 当激活【对数式螺纹】按钮时，【螺纹扩展参数】选项 ◎▭ 100 才可用，它主要用于调节螺旋线的渐开程度。数值越大，渐开的程度越大。图 2-21 所示为设置不同的【螺纹扩展参数】选项时螺旋线的对比效果。

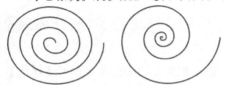

图2-20　使用不同选项时绘制出的螺旋线效果

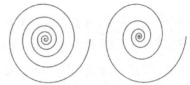

图2-21　设置不同的【螺纹扩展参数】时螺旋线的对比效果

六、【基本形状】工具

利用【基本形状】工具可以绘制心形、箭头、流程图、标题及标注等图形。在工具箱中选择相应的工具后，单击属性栏中的【完美形状】按钮（选择不同的工具，该按钮上的图形形状也各不相同），在弹出的【形状】面板中选择需要的形状，然后在绘图窗口中拖曳鼠标，即可绘制出形状图形。

下面以【基本形状】工具 为例来讲解它们的属性栏，如图 2-22 所示。

图2-22　【基本形状】工具的属性栏

- 【完美形状】按钮 ：单击此按钮，将弹出如图 2-23 示的【形状】面板，在此面板中可以选择要绘制图形的形状。

当选择 工具、 工具、 工具或 工具时，属性栏中的完美形状按钮将以不同的形态存在，分别如图 2-24 所示。

【箭头形状】　　　　【流程图形状】　　　　【标题形状】　　　　【标注形状】

图2-23　【形状】面板　　　　　　　　　　图2-24　其他形状工具的【形状】面板

- 【轮廓样式选择器】按钮 ：设置绘制图形的外轮廓线样式。单击此按钮，将弹出如图 2-25 所示的【轮廓样式】面板。在【轮廓样式】面板中，选择不同的外轮廓线样式，绘制出的形状图形外轮廓效果如图 2-26 所示。

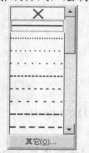

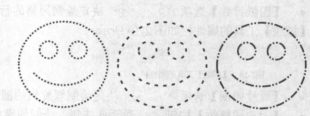

图2-25　【轮廓样式】面板　　　　　　　　图2-26　设置不同轮廓线样式时绘制的图形轮廓效果

 当在【轮廓样式】面板中单击 其它(O)... 按钮时，将弹出【编辑线条样式】对话框，在此对话框中可以编辑外轮廓线的样式。

七、【挑选】工具

【挑选】工具 的主要功能是选择对象，并对其进行移动、复制、缩放、旋转或扭曲等操作。

 使用工具箱中除【文字】工具外的任何一个工具时，按一下空格键，可以将当前使用的工具切换为【挑选】工具。再次按空格键，可恢复为先前使用的工具。

利用上面学过的几种绘图工具随意绘制一些图形，然后根据下面的讲解来学习【挑选】工具的使用方法。在讲解过程中，读者最好动手试一试，以便于更好地理解和掌握书中的内容。如果绘图窗口比较乱时，可双击 工具，将所有图形全部选择，然后按 Delete 键清除。下面来具体讲解【挑选】工具的使用方法。

(1) 选择图形。

利用 工具选择图形有两种方法，一是在要选择的图形上单击，二是框选要选择的图形。用框选的方法选择图形，拖曳出的虚线框必须将要选择的图形全部包围，否则此图形不会被选择。图形被选择后，将显示由 8 个小黑色方形组成的选择框。

【挑选】工具结合键盘上的辅助键，还具有以下选择方式。

- 按住 Shift 键，单击其他图形即添加选择，如单击已选择的图形则为取消选择。
- 按住 Alt 键拖曳鼠标，拖曳出的选框所接触到的图形都会被选择。
- 按 Ctrl+A 键或双击 工具，可以将绘图窗口中所有的图形同时选择。
- 当许多图形重叠在一起时，按住 Alt 键，可以选择最上层图形后面的图形。
- 按 Tab 键，可以选择绘图窗口中最后绘制的图形。如果继续按 Tab 键，则可以按照绘制图形的顺序，从后向前选择绘制的图形。

(2) 移动图形。

将鼠标指针放置在被选择图形中心的 × 位置上，当鼠标指针显示为四向箭头图标 时，按下鼠标左键并拖曳，即可移动选择的图形。按住 Ctrl 键拖曳鼠标，可将图形在垂直或水平方向上移动。

(3) 复制图形。

将图形移动到合适的位置后，在不释放鼠标左键的情况下，单击鼠标右键，然后同时释放鼠标左键和右键，即可将选择的图形移动复制。

选择图形后，按键盘右侧数字区中的+键，可以将选择的图形在原位置复制。如按住键盘数字区中的+键，将选择的图形移动到新的位置，释放鼠标左键后，也可将该图形移动复制。

(4) 变换图形。

变换图形操作包括缩放、旋转、扭曲和镜像图形等。

- 缩放：选择要缩放的图形，然后将鼠标指针放置在图形四边中间的控制点上，当鼠标指针显示为 ↔ 或 ↕ 形状时，按下鼠标左键并拖曳，可将图形在水平或垂直方向上缩放。将鼠标指针放置在图形四角位置的控制点上，当鼠标指针显示为 ↖ 或 ↗ 形状时，按下鼠标左键并拖曳，可将图形等比例放大或缩小。

要点提示 在缩放图形时如按住 Alt 键拖曳鼠标，可将图形进行自由缩放；如按住 Shift 键拖曳鼠标，可将图形分别在 x、y 或 xy 方向上对称缩放。

- 旋转：在选择的图形上再次单击，图形周围的 8 个小黑点将变为旋转和扭曲符号。将鼠标指针放置在任一角的旋转符号上，当鼠标指针显示为 ↻ 形状时拖曳鼠标，即可对图形进行旋转。在旋转图形时，按住 Ctrl 键可以将图形以 15° 的倍数进行旋转。
- 扭曲：在选择的图形上再次单击，然后将鼠标指针放置在图形任意一边中间的扭曲符号上，当鼠标指针显示为 ⇌ 或 ↕ 形状时拖曳鼠标，即可对图形进行扭曲变形。
- 镜像：镜像图形就是将图形在垂直、水平或对角线的方向上进行翻转。选择要镜像的图形，然后按住 Ctrl 键，将鼠标指针移动到图形周围任意一个控制点上，按下鼠标左键并向对角方向拖曳，当出现蓝色的线框时释放鼠标左键，即可将选择的图形镜像。

零点提示 利用【挑选】工具对图形进行移动、缩放、旋转、扭曲和镜像操作时，至合适的位置或形态后，在不释放鼠标左键的情况下单击鼠标右键，可以将该图形以相应的操作复制。

【挑选】工具的属性栏根据选择对象的不同，显示的选项也各不相同。具体分为以下几种情况。

(1) 选择单个对象的情况下。

利用 🔲 工具选择单个对象时，【挑选】工具的属性栏将显示该对象的属性选项。如选择矩形，属性栏中将显示矩形的属性选项。此部分内容在讲解相应的工具时会进行详细讲解，在此不进行总结。

(2) 选择多个图形的情况下。

利用 🔲 工具同时选择两个或两个以上的图形时，属性栏的状态如图 2-27 所示。

图2-27 【挑选】工具的属性栏

- 【结合】按钮 🔲：单击此按钮，或执行【排列】/【结合】命令（快捷键为 Ctrl+L），可将选择的图形结合为一个整体。

零点提示 利用 🔲 工具选择结合图形后，单击属性栏中的【打散】按钮 🔲，或执行【排列】/【打散】命令（快捷键为 Ctrl+K），可以将结合后的图形拆分。

- 【群组】按钮 🔲：单击此按钮，或执行【排列】/【群组】命令（快捷键为 Ctrl+G），也可将选择的图形结合为一个整体。

零点提示 当给群组的图形添加【变换】及其他命令操作时，被群组的每个图形都将会发生改变，但是群组内的每一个图形之间的空间关系不会发生改变。

【群组】和【结合】都是将多个图形合并为一个整体的命令，但两者组合后的图形有所不同。【群组】只是将图形简单地组合到一起，其图形本身的形状和样式并不会发生变化；【结合】是将图形链接为一个整体，其所有的属性都会发生变化，并且图形和图形的重叠部分将会成为透空状态。图形群组与结合后的形态如图 2-28 所示。

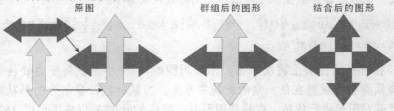

图2-28 原图与群组、结合后的图形形态

- 【取消群组】按钮 🔲：当选择群组的图形时，单击此按钮，或执行【排列】/【取消群组】命令（快捷键为 Ctrl+U），可以将多次群组后的图形一级级取消。
- 【取消全部群组】按钮 🔲：当选择群组的图形时，单击此按钮，或执行【排列】/【取消全部群组】命令，可将多次群组后的图形一次分解。
- 图形的修整按钮 🔲🔲🔲🔲🔲🔲：单击相应的按钮，可以对选择的图形执行相应的修整命令，分别为焊接、修剪、相交、简化、移除后面对象、移除前面对象和创建围绕选定对象的新对象。
- 【对齐与分布】按钮 🔲：设置图形与图形之间的对齐和分布方式。此按钮与【排列】/【对齐和分布】命令的功能相同。单击此按钮将弹出【对齐与分布】对话框。

要点提示 利用【对齐和分布】命令对齐图形时必须选择两个或两个以上的图形；利用该命令分布图形时必须选择 3 个或 3 个以上的图形。

　　【对齐】选项卡中各选项的功能如图 2-29 所示。

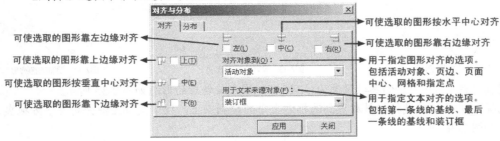

图2-29　【对齐】选项的功能

切换到【分布】选项卡，其中各选项的功能如图 2-30 所示。

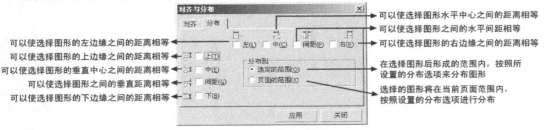

图2-30　【分布】选项的功能

2.2.2　范例解析——绘制卡通图形

　　本小节通过绘制一个卡通图形来介绍各工具的综合运用，绘制的卡通图形及填色后的效果如图 2-31 所示。

　　在绘制卡通图形时，首先利用【星形】工具☆绘制锯齿边，然后利用【椭圆形】工具○结合旋转、复制、缩放和修剪操作绘制出卡通图形的脸、眼睛、鼻子和嘴巴即可。具体操作方法如下。

图2-31　绘制的卡通图形及填色后的效果

1.　按 Ctrl+N 键新建一个图形文件。
2.　选择☆工具，设置属性栏中 ☆24 的参数为 "24"，▲12 的参数为 "12"，然后按住 Ctrl 键绘制星形图形。
3.　选择○工具，按住 Ctrl 键在星形图形内绘制出如图 2-32 所示的圆形。
4.　双击▲工具，将星形图形和圆形同时选择，然后单击属性栏中的 ⬚ 按钮，在弹出的【对齐与分布】对话框中设置选项如图 2-33 所示。
5.　依次单击 应用 和 关闭 按钮，将圆形与星形图形以中心对齐。
6.　继续利用○工具绘制出如图 2-34 所示的椭圆形。

图2-32　绘制的圆形

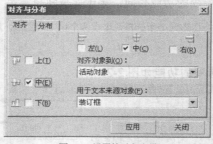

图2-33　设置的对齐选项

图2-34　绘制的椭圆形

7. 将属性栏中 346.7 的参数设置为 "346.7"，图形旋转后的形态如图 2-35 所示。

8. 选择 工具，将鼠标指针放置到选框右上角的控制点上，按下鼠标左键并向左下方拖曳，状态如图 2-36 所示。

9. 至合适位置后，在不释放鼠标左键的情况下单击鼠标右键，缩小并复制图形，效果如图 2-37 所示。

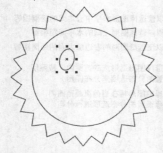

图2-35　椭圆形旋转后的形态

图2-36　缩小图形时的状态

图2-37　缩小复制出的图形

10. 利用 工具框选两小椭圆形，状态如图 2-38 所示。

11. 单击属性栏中的 按钮，在弹出的【对齐与分布】对话框中勾选 选项，然后依次单击 应用 和 关闭 按钮，将两个椭圆形在水平方向上以中心对齐，如图 2-39 所示。

12. 用与步骤 6～10 相同的方法绘制出另一只眼睛图形，如图 2-40 所示。

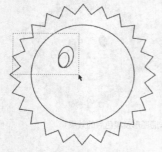

图2-38　框选图形时的状态

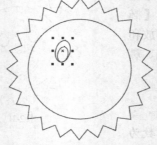

图2-39　对齐后的图形

图2-40　绘制出的另一只眼睛

13. 选择 工具，将鼠标指针移动到画面中拖曳确定椭圆形的宽度，确定后释放鼠标左键，然后移动鼠标指针确定椭圆形的高度，确定后单击，即可绘制出倾斜的椭圆形，其绘制过程示意图如图 2-41 所示。

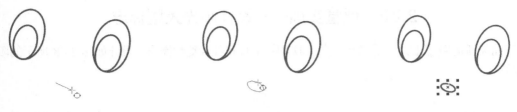

| 确定椭圆形的宽度 | 确定椭圆形的高度 | 绘制出的倾斜椭圆形 |

图2-41　绘制倾斜椭圆形的过程示意图

接下来绘制卡通图形的嘴巴。

14. 利用 ⬭ 工具绘制如图 2-42 所示的椭圆形，然后将其向右上方移动，至合适位置后在不释放鼠标左键的情况下单击鼠标右键，移动复制椭圆形，复制出的效果如图 2-43 所示。

15. 将鼠标指针移动到复制出椭圆形左边中间的控制点上，当鼠标指针显示为双向箭头 ↔ 时按下鼠标左键并向左拖曳，将复制出的椭圆形在水平方向上稍微拖大，状态如图 2-44 所示。

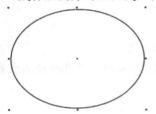
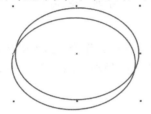
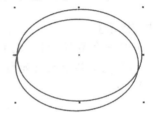

| 图2-42　绘制的椭圆形 | 图2-43　复制出的椭圆形 | 图2-44　复制图形调整后的形态 |

16. 利用 ⬚ 工具将两个椭圆形同时选择，然后单击属性栏中的 ⬚ 按钮，用上方的椭圆形对下方的椭圆形进行修剪，效果如图 2-45 所示。

17. 将修剪后剩余的图形移动到卡通图形上，并调整至如图 2-46 所示的大小及位置。
    卡通图形绘制完成后，下面为其填充颜色。

18. 利用 ⬚ 工具选择星形图形，然后将鼠标指针移动到【调色板】中的"橘红"色上单击，为图形填充橘红色，并在【调色板】中的 ⊠ 图标上单击鼠标右键，去除图形的外轮廓，图形填色后的效果如图 2-47 所示。

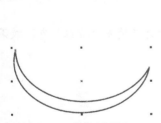

| 图2-45　修剪后的图形 | 图2-46　图形调整后的形态及位置 | 图2-47　图形填色后的效果 |

19. 依次选择作为脸部的圆形为其填充"黄色"并去除外轮廓，选择作为眼睛的大椭圆形为其填充"白色"，选择作为眼睛的小椭圆形为其填充黑色，选择作为鼻子和嘴巴的图形填充"红色"并去除外轮廓。
    至此，卡通图形填色完成，最终效果见图 2-31。

20. 按 Ctrl+S 组合将，将此文件命名为"卡通.cdr"保存。

2.2.3 课堂实训——设计阳光大厦标志

下面灵活运用工具、□工具、□工具及□工具和各种复制操作来设计如图 2-48 所示的阳光大厦标志。

图2-48 设计的标志

【步骤提示】

1. 新建一个图形文件。利用○工具及修剪操作绘制出如图 2-49 所示的图形。
2. 利用□工具绘制出如图 2-50 所示的矩形，然后单击属性栏中的○按钮，将其转换为曲线图形。

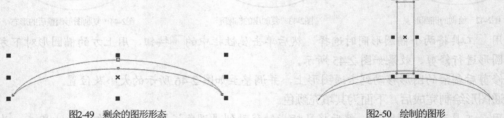

图2-49 剩余的图形形态   图2-50 绘制的图形

3. 选择□工具，在如图 2-51 所示的位置双击，添加一个节点，然后将图形右上角的节点向下调整至如图 2-52 所示的位置。
4. 将图形全部选择，单击属性栏中的□按钮，在弹出的【对齐与分布】对话框中勾选□复选项，将选择的图形在水平方向上居中对齐。
5. 单击属性栏中的□按钮，将对齐后的图形焊接为一个整体，然后为其填充"橘红"色，效果如图 2-53 所示。

图2-51 添加的节点   图2-52 调整后的节点位置   图2-53 焊接后的图形形态

6. 利用□和□工具，依次绘制并调整出如图 2-54 所示的橘红色图形。
7. 利用□工具将步骤 6 中绘制的图形全部选择，然后按住 Ctrl 键，将鼠标指针放置到选择框左侧中间的控制点上按下鼠标左键并向右拖曳，进行水平镜像，图形镜像后，在不释放鼠标左键的情况下单击鼠标右键，镜像复制图形，状态如图 2-55 所示。

8. 将复制出的图形水平向右移动至如图 2-56 所示的位置。

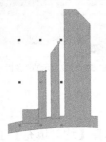
图2-54 绘制的图形

图2-55 镜像复制图形时的状态

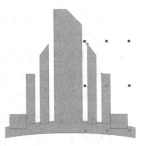
图2-56 图形放置的位置

9. 将图形全部选择，单击属性栏中的□按钮，将选择的图形焊接为一个整体，然后在【调色板】上方的⊠图标上单击鼠标右键，将图形的外轮廓线去除，效果如图 2-57 所示。

10. 利用▨工具及移动复制操作绘制出如图 2-58 所示的五角星图形，其填充色为"绿色"，无外轮廓。

图2-57 焊接后的图形形态

图2-58 绘制及复制出的星形图形

11. 利用字工具在五角星图形的下方位置依次输入英文字母和文字，即可完成标志的设计。

2.3 图形单色填充与轮廓色设置

本节将详细介绍图形的单色填充、轮廓颜色添加及去除图形填充与轮廓的方法。通过案例的学习，希望读者能熟练掌握颜色的设置与填充操作。

2.3.1 功能讲解

为图形设置单色填充和轮廓色的方法主要有 5 种，分别为利用【调色板】设置、利用【颜色】泊坞窗▤设置、利用【均匀填充】工具■和【轮廓颜色】工具▧设置、利用【滴管】工具✐和【颜料桶】工具◈设置及利用【智能填充】工具▨设置。另外，利用【无填充】工具⊠和【无轮廓】工具⊠可以取消图形的填充色和轮廓色。

一、调色板

调色板位于工作界面的右侧，是给图形添加颜色的最快途径。单击【调色板】底部的◀按钮，可以将调色板展开。如果要将展开后的调色板关闭，只要在工作区中的任意位置单击即可。另外，将鼠标指针移动到【调色板】中的任一颜色色块上，系统将显示该颜色块的颜色名，在颜色块上按住鼠标左键不放，稍等片刻，系统会弹出当前颜色的颜色组。

将调色板拖离默认位置显示的状态如图 2-59 所示。

- 单击【调色板】中的任意一种颜色，可以将其添加
  到选择的图形上，作为图形的填充色；在任意一种
  颜色上单击鼠标右键，可以将此颜色添加到选择图
  形的边缘轮廓上，作为图形的轮廓色。
- 在【调色板】中顶部的⊠按钮上单击鼠标左键，可
  删除选择图形的填充色；单击鼠标右键，可删除选
  择图形的轮廓色。

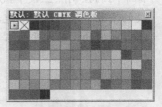

图2-59　独立显示的调色板

二、利用【均匀填充】和【轮廓颜色】对话框

在【填充】工具上按下鼠标左键不放，在弹出的隐藏工具组中选择【均匀填充】工具

（快捷键为 Shift+F11），或在【轮廓】工具的隐藏
工具组中选择【轮廓颜色】工具（快捷键为
Shift+F12），系统将弹出【均匀填充】或【轮廓颜
色】对话框。由于【均匀填充】对话框和【轮廓颜色】
对话框中的选项完全相同，下面将以【均匀填充】对话
框为例来详细讲解其使用方法。

【均匀填充】对话框如图 2-60 所示。

- 在【模型】下拉列表中可选择要使用的色彩
  模式。
- 拖曳颜色色条上的滑块可以选择一种色调。
- 拖曳左侧颜色窗口中的矩形可以选择相应的
  颜色。

图2-60　【均匀填充】对话框

零点提示 在颜色色条右侧的【CMYK】颜色文本框中，直接输入所需颜色的值也可以调制出需要的颜色。另外，当选择的颜色有特定的名称时，【名称】文本框中将显示该颜色的名称。

- 在【名称】下拉列表中可选择软件预设的一些颜色。

设置好颜色后单击 确定 按钮，即可将设置的颜色填充到选择的图形中。

三、利用【颜色】泊坞窗

利用【颜色】泊坞窗可以为图形添加【调色板】中没有的颜色。单击工具箱中的【填充】工
具或【轮廓】工具，在其隐藏的工具组中选择【颜色】泊坞窗，系统将弹出【颜色】泊
坞窗。

在【颜色】泊坞窗右上角处有【显示颜色滑块】按钮、【显示颜色查看器】按钮和【显
示调色板】按钮。激活不同的按钮，可以显示出不同的【颜色】泊坞窗，如图 2-61 所示。

图2-61　【颜色】泊坞窗

- 填充(F) 按钮：调整颜色后，单击此按钮，将会给选择的图形填充调整的颜色。
- 轮廓(O) 按钮：调整颜色后，单击此按钮，将会给选择图形的外轮廓线添加调整的颜色。
- 【自动应用颜色】按钮 🖍️：激活此按钮，可以将设置的颜色自动应用于选择的图形上。

四、 利用【滴管】和【颜料桶】工具

利用【滴管】工具 ✐ 和【颜料桶】工具 ◇ 为图形填充颜色或设置轮廓色是比较快捷的方法，但前提是绘图窗口中必须有需要的填充色和轮廓色存在。其使用方法为：首先利用【滴管】工具在指定的图形上吸取需要的填充色和轮廓，再利用【颜料桶】工具在指定的图形上单击，即可为图形填充需要的颜色和轮廓色。

为圆形复制已存在图形的填充色和轮廓后的效果，如图 2-62 所示。

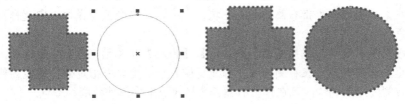

图2-62　圆形复制另一图形的填充色和轮廓后的效果

> 🪧**要点提示**　【滴管】工具 ✐ 和【颜料桶】工具 ◇ 除了为图形设置单色的填充色和轮廓色外，还可以为图形设置渐变色、图案、纹理以及其他各种变换属性和效果。

【滴管】工具和【颜料桶】工具的属性栏完全相同，下面以【滴管】工具为例来详细讲解。通过设置 ✐ 工具属性栏中的 对象属性 ▾ 选项，可以设置【滴管】工具是吸取样本的颜色还是属性。

(1)　选择【对象属性】选项。

【滴管】工具的属性栏如图 2-63 所示。

| 对象属性 ▾ | 属性 ▾ | 变换 ▾ | 效果 ▾ |

图2-63　【滴管】工具的属性栏

- 属性 ▾ 按钮：单击此按钮，将弹出【填充属性】选项面板。在此面板中，可设置【滴管】工具在样本图形上单击吸取图形的填充色还是轮廓色，或是在文字上单击吸取文本的特定属性。
- 变换 ▾ 按钮：单击此按钮，将弹出【变换属性】选项面板。在此面板中，可设置【滴管】工具在样本图形上单击吸取图形的大小、旋转角度还是位置属性。
- 效果 ▾ 按钮：单击此按钮，将弹出【效果属性】选项面板，在此面板中，可设置【滴管】工具在样本图形上单击吸取的效果属性，包括"透视点"、"封套"、"调和"、"立体化"、"轮廓图"、"透镜"、"精确剪裁"、"投影"和"变形"等属性。

> 🪧**要点提示**　在【填充属性】、【变换属性】或【效果属性】选项面板中，可以只选择一种属性也可以选择多种属性，或同时设置各选项面板中的属性。

(2)　选择【示例颜色】选项。

选择【示例颜色】选项时，【滴管】工具不仅可以吸取矢量图的颜色，也可以吸取位图的颜色。【滴管】工具的属性栏如图 2-64 所示。

| 示例颜色 ▾ | 示例尺寸 ▾ | 从桌面选择 |

图2-64　【滴管】工具的属性栏

- 示例尺寸 ▾ 按钮：单击此按钮，将弹出【示例尺寸】选项面板。在此面板中，可设置【滴管】工具吸取样本时的采样大小。

- 从桌面选择 按钮：激活此按钮，【滴管】工具可以移动到 CorelDRAW 操作界面以外的系统窗口中吸取颜色。

五、 利用【智能填充】工具

【智能填充】工具 除了可以实现普通的颜色填充之外，还可以自动识别多个图形重叠的交叉区域，对其进行复制然后进行颜色填充。

【智能填充】工具的属性栏如图 2-65 所示。

填充选项: 指定 ▼ ■ ▼   轮廓选项: 指定 ▼ .2 mm ▼ ■ ▼

图2-65 【智能填充】工具的属性栏

- 【填充选项】选项：包括【使用默认值】、【指定】和【无填充】3 个选项。当选择【指定】选项时，单击右侧的颜色色块，可在弹出的颜色选择面板中选择需要填充的颜色。
- 【轮廓选项】选项：包括【使用默认值】、【指定】和【无轮廓】3 个选项。当选择【指定】选项时，可在右侧的【轮廓线宽度】选项窗口中指定外轮廓线的粗细。单击最右侧的颜色色块，可在弹出的颜色选择面板中选择外轮廓的颜色。

六、 利用【无填充】和【无轮廓】工具

【无填充】工具 和【无轮廓】工具 可以将选择图形的填充和轮廓去除，具体设置分别如下。

- 选择一个已经被填充的图形，然后在工具箱中的 工具上按下鼠标左键不放，在弹出的隐藏工具组中单击 按钮，即可将该图形的填充去除。
- 选择一个带有外轮廓线的图形，然后在工具箱中的 工具上按下鼠标左键不放，在弹出的隐藏工具组中单击 工具，即可将该图形的外轮廓线去除。
- 选择一个带有外轮廓线的图形，然后在工具属性栏中单击【轮廓宽度】选项，在弹出的下拉列表中选择【无】选项，也可将图形的外轮廓线去除。

零点提示 选择要去除填充或轮廓的图形，然后执行【排列】/【将轮廓转换为对象】命令（快捷键为 Ctrl+Shift+Q），将图形的填充和轮廓各自转换为对象，然后将图形的填充或轮廓选择，再按 Delete 键，也可将填充或外轮廓去除。

2.3.2 范例解析——天天课堂标志设计

灵活运用 工具和 工具及复制和设置不同的填充色操作，设计出如图 2-66 所示的天天课堂网络标志。

图2-66 设计的天天课堂标志

主要利用 工具绘制出标志图形，并分别设置不同的颜色，然后利用 工具输入文字，即可完成标志的设计，具体操作方法介绍如下。

1. 新建文件后，利用 ▢ 工具绘制矩形，然后将属性栏中 ▦ 的参数均设置为 "100"，将矩形调整为圆角矩形，如图 2-67 所示。

2. 选择 ◇ 工具，在弹出的隐藏工具组中选择 ▦ 工具，然后在弹出的【均匀填充】对话框中设置颜色参数如图 2-68 所示。

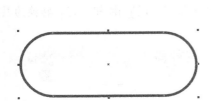

图2-67 绘制的圆角矩形

图2-68 设置的颜色

3. 单击 [确定] 按钮，为圆角矩形填充酒绿色，然后在 ⊠ 图标上单击鼠标右键，去除图形的外轮廓。

4. 继续利用 ▢ 工具绘制酒绿色的无外轮廓矩形，然后将其与圆角矩形在水平方向上居中对齐，组合出如图 2-69 所示的 "T" 图形。

5. 将 "T" 图形选择，并单击属性栏中的 ▦ 按钮群组，然后依次向左下方移动复制，效果如图 2-70 所示。

6. 选择左下角的 "T" 图形，然后选择 ▦ 工具，在弹出的【均匀填充】对话框中将颜色设置为蓝紫色（C:40,M:100,Y:0,K:0），然后单击 [确定] 按钮，修改复制图形的颜色。

> **要点提示** 在本书的颜色应用中，使用的是 CMYK 颜色值，如果后面的内容中设置的颜色值为 "0" 的，将不再给出此颜色值为 "0" 的参数，如（C:40,M:100,Y:0,K:0）将省略为（C:40,M:100）。

7. 用与步骤 6 相同的方法，将中间的 "T" 图形的颜色修改为（M:60,Y:80）的橘红色，如图 2-71 所示。

图2-69 组合出的 "T" 图形

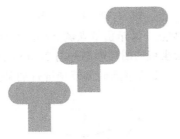

图2-70 复制出的图形

图2-71 修改颜色后的效果

8. 将左下方的两个 "T" 图形同时选择并向右镜像复制，然后调整图形的位置，并分别修改图形的颜色，最终效果如图 2-72 所示。右下角图形的颜色为红色（M:100,Y:100），中间图形的颜色为天蓝色（C:100,M:20）。

9. 继续利用 ▢ 工具绘制正方形，然后将属性栏中 ▦ 的参数都设置为 "20"，⟲ 45.0 的参数设置为 "45"，生成的图形效果如图 2-73 所示。

图2-72 复制出的图形

图2-73 绘制的图形

10. 利用 字 工具，在正方形圆角图形中输入如图 2-74 所示的白色 "@" 字母，输入时按键盘中的 Shift + 2 键即可得到 "@" 符号。

11. 利用 □ 工具绘制出如图 2-75 所示的矩形，然后单击属性栏中的 ⟳ 按钮，将其转换为具有曲线性质的图形。

图2-74 输入的字母

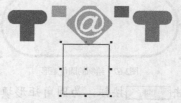

图2-75 绘制的矩形

12. 选择 ⬚ 工具，并单击属性栏中的 ⟳ 按钮，将图形中的所有节点同时选择，再单击属性栏中的 ⟳ 按钮，将直线段转换为曲线段。

13. 将鼠标指针移动到右侧的线形上按下鼠标左键并向左拖曳，状态如图 2-76 所示。线形调整后的形态如图 2-77 所示。

14. 用与步骤 13 相同的方法，分别对左侧和上方的线段进行调整，最终效果如图 2-78 所示。

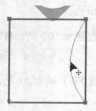

图2-76 调整线形时的状态

图2-77 线形调整后的形态

图2-78 其他线形调整后的形态

15. 利用 ⬚ 工具单击左上角的控制点，显示出节点调节柄，然后将上方的调节柄调整至如图 2-79 所示的位置，释放鼠标左键后生成的图形形态如图 2-80 所示。

16. 用与步骤 15 相同的方法，对右上角节点的调节柄进行调整，绘制出如图 2-81 所示的 "树" 图形。

图2-79 调整调节柄时的状态

图2-80 调整后的形态

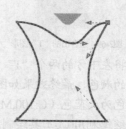

图2-81 绘制出的 "树" 图形

17. 为"树"图形填充蓝色（C:100,M:100）并去除外轮廓，然后利用工具依次在"树"图形的两侧绘制出如图 2-82 所示的矩形，填充色为蓝色（C:100,M:100），无外轮廓。

18. 利用 字 工具，依次输入如图 2-83 所示的蓝色（C:100,M:100）文字及字母。

图2-82　绘制的矩形

图2-83　输入的文字及字母

19. 至此，天天课堂标志设计完成，按 Ctrl+S 键，将此文件命名为"天天课堂标志.cdr"保存。

2.3.3　课堂实训——绘制三环图形

下面灵活运用各种基本绘图工具及【智能填充】工具来绘制如图 2-84 所示的三环图形。

【步骤提示】

1. 新建一个图形文件，利用 ○ 工具绘制正三角形。

2. 选择 ○ 工具，将鼠标指针移动到三角形的顶点位置，当出现如图 2-85 所示的对齐提示时，按住 Shift+Ctrl 键拖曳鼠标，绘制出如图 2-86 所示的圆形。

图2-84　绘制的三环图形

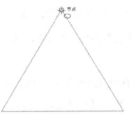

图2-85　出现的对齐提示

图2-86　绘制的圆形

3. 按住 Shift 键，将鼠标指针放置到圆形右上角的控制点上，当鼠标指针显示为双向箭头时，按下鼠标左键并向圆形的中心拖曳，状态如图 2-87 所示。

4. 至合适位置后，在不释放鼠标左键的情况下单击鼠标右键，以中心缩小复制圆形，效果如图 2-88 所示。

5. 选择 ↖ 工具，按住 Shift 键单击外边的大圆形，将其与小圆形同时选择。

6. 将鼠标指针放置到选择图形的中心位置，按下鼠标左键并向三角形的另一角点拖曳，出现如图 2-89 所示的对齐提示时，在不释放鼠标左键的情况下单击鼠标右键，移动复制选择的圆形。

图2-87　缩小图形状态

图2-88　缩小复制出的图形

图2-89　出现的对齐提示

7. 用与步骤 6 相同的方法，将选择的圆形再次复制，然后按住 Alt 键单击三角形，将其选择，并按 Delete 键删除，生成的三环图形如图 2-90 所示。

零点提示 以上绘制三环图形时，为保证图形的精确度，利用三角形图形作为辅助，这种方法希望读者能够掌握，以在实际工作过程中灵活运用。

下面利用【智能填充】工具为图形填充颜色。

8. 双击 工具，将所有图形同时选择，然后单击属性栏中的 按钮，将选择的图形群组为一个整体，以利于后面的操作。

9. 选择 工具，再单击属性栏中【填充选项】选项色块右侧的 按钮，在弹出的【颜色】选择面板中选择如图 2-91 所示的颜色。

10. 在【轮廓选项】中选择【无轮廓】选项，然后将鼠标指针移动到最上方的圆环图形内单击，为图形填充设置的颜色，如图 2-92 所示。

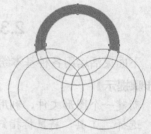

图2-90 绘制完成的三环图形　　　　图2-91 选择的颜色　　　　图2-92 填充颜色后的图形

11. 移动鼠标指针至圆环的其他区域单击以填充颜色，如图 2-93 所示。

零点提示 在为图形填充颜色之前，首先要想象出最终的图形效果，这样在填充时就会很顺利地为每一个区域填充相应的颜色，以得到最终的相交效果。

12. 单击属性栏中【填充选项】选项色块右侧的 按钮，在弹出的【颜色】选择面板中选择"黄色"，然后将鼠标指针移动到第 2 个圆环图形上，依次单击填充颜色，效果如图 2-94 所示。

13. 用与步骤 12 相同的方法，为第 3 个圆环图形填充蓝色，如图 2-95 所示。

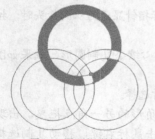
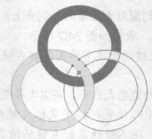

图2-93 图形填充的颜色　　　　图2-94 填充颜色效果　　　　图2-95 填充蓝色

14. 按住 Alt 键，利用 工具在任意图形上单击，将最先绘制的圆形选择，然后按 Delete 键删除，即可完成三环图形的绘制。

2.4 综合案例——五彩印刷标志设计

下面主要运用【矩形】工具 、【流程图形状】工具 ，并结合【移除前面对象】按钮 、【焊接】按钮 及镜像复制和移动复制操作来设计如图 2-96 所示的五彩印刷标志。

【步骤提示】

1. 按 Ctrl+N 键新建一个图形文件。

2. 选择 □ 工具，按住 Ctrl 键绘制一个正方形，然后设置属性栏中【边角圆滑度】 ⊞ 的参数都为 "20"，将正方形修改为圆角。

3. 继续利用 □ 工具绘制一个矩形，然后将鼠标指针放置到矩形中心的 × 位置上，按住鼠标左键并向圆角正方形的中心位置拖曳，当出现如图 2-97 所示的对齐提示时释放鼠标左键，将矩形与圆角正方形以中心对齐。

图2-96 设计的标志

图2-97 出现的中心提示

4. 设置属性栏中【旋转角度】 ↻ 45.0 的参数为 "45"，然后利用 ⬚ 工具将圆角矩形与绘制的矩形同时框选。

5. 单击属性栏中的 ⬚ 按钮，用上方的矩形对圆角图形进行修剪，效果如图 2-98 所示。

6. 选择 ▩ 工具，弹出【均匀填充】对话框，将颜色设置为军绿色（C:20,Y:20），然后单击 确定 按钮。

7. 将鼠标指针移动到【调色板】上方的 ⊠ 图标上，单击鼠标右键，将图形的外轮廓线去除。

8. 选择 ⬚ 工具，并单击属性栏中的 ⬚ 按钮，在弹出的【图形】选项面板中选择如图 2-99 所示的形状。

9. 在绘图窗口中按住鼠标左键并拖曳，绘制出如图 2-100 所示的三角形。

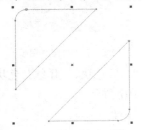

图2-98 修剪后的图形效果

图2-99 选择的形状

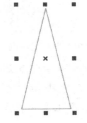

图2-100 绘制出的图形

10. 按住 Ctrl 键，将鼠标指针放置在选择框上方中间的控制点上，当鼠标指针显示双向箭头时，按下鼠标左键并向下拖曳，至如图 2-101 所示的状态时，在不释放鼠标左键的情况下单击鼠标右键，垂直镜像复制三角形图形，复制出的图形如图 2-102 所示。

11. 利用 ⬚ 工具将两个三角形图形同时选择，然后单击属性栏中的 ⬚ 按钮，将选择的图形焊接为一个整体。

12. 按住 Shift 键，将鼠标指针放置到选择框右侧中间的控制点上，当鼠标指针显示为双向箭头时，按住鼠标左键并向左拖曳，将焊接后的图形在水平方向上对称缩小，效果如图 2-103 所示。

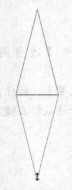
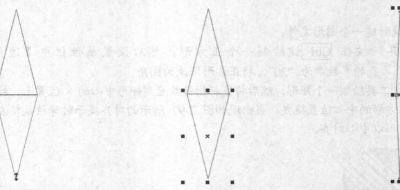
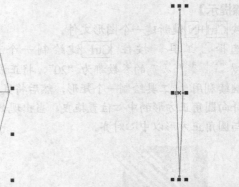

图2-101 拖曳图形时的状态　　　　图2-102 垂直镜像复制出的图形　　　　图2-103 水平缩小后的图形效果

13. 将鼠标指针移动到【调色板】中的 "青" 颜色色块上单击，为调整后的图形填充青色并去除外轮廓。

14. 设置属性栏中【旋转角度】 ○ 315.0 ° 的参数为 "315"，然后将其调整至合适的大小后放置到如图 2-104 所示的位置。

> 要点提示　为了确保图形移动位置的精确，可先利用工具箱中的【缩放】工具 🔍 将图形放大显示。即选择 🔍 工具后，在图形上单击即可。

15. 利用 ▶ 工具将青色图形选择并向右下方移动，至合适位置后，在不释放鼠标左键的情况下单击鼠标右键，移动复制图形，状态如图 2-105 所示。

16. 连续按 3 次 Ctrl+R 键，重复复制图形，效果如图 2-106 所示。

图2-104 图形放置的位置　　　　图2-105 移动复制图形时的状态　　　　图2-106 重复复制出的图形

17. 利用 ▶ 工具依次选择复制出的图形，并分别在【调色板】中单击 "绿" 色块、"橘红" 色块、"红" 色块和 "紫" 色块，修改复制图形的颜色，最终效果如图 2-107 所示。

18. 利用 字 工具，在画面的下方输入如图 2-108 所示的黑色文字和英文字母。

图2-107 图形修改颜色后的效果　　　　图2-108 设计完成的五彩标志

19. 按 Ctrl+S 键，将此文件命名为 "五彩印刷标志设计.cdr" 保存。

2.5 课后作业

1. 灵活运用本讲学习的工具及操作设计出如图 2-109 所示的海天大厦标志。操作动画参见光盘中的"操作动画\第 02 讲\海天大厦标志.avi"文件。

2. 利用本讲学习的【星形】工具 及绘制三环图形的方法，读者自己动手绘制出如图 2-110 所示的立体星形图形。操作动画参见光盘中的"操作动画\第 02 讲\星形.avi"文件。

图2-109 设计的海天大厦标志

图2-110 制作的星形效果

线形、形状和艺术笔工具

本讲主要讲解各种线形工具、用于编辑图形的【形状】工具及【艺术笔】工具。在实际操作过程中，灵活运用各种线形工具和【形状】工具，无论多么复杂的图形都可以轻松地调整出来。另外，灵活运用【艺术笔】工具，可以在画面中添加各种特殊样式的线条和图案，以满足作品设计的需要。本讲课时为 10 小时。

(i) **学习目标**

◆ 掌握各种线形工具的功能及使用方法。

◆ 掌握【形状】工具的应用。

◆ 熟悉手绘图形及调整图形的方法。

◆ 熟悉艺术笔工具的运用。

3.1 线形工具

本节主要讲解各种线形工具的使用方法和属性设置。

3.1.1 功能讲解

线形工具主要包括手绘工具组中的【手绘】工具 ⟍、【贝塞尔】工具 ⟍、【钢笔】工具 ⟐、【折线】工具 ⟑、【3 点曲线】工具 ⟐、【连接器】工具 ⟐ 以及【智能绘图】工具 △。

一、【手绘】工具组

(1) 【手绘】工具 ⟍：选择 ⟍ 工具，在绘图窗口中单击鼠标左键确定第一点，然后移动鼠标指针到适当的位置再次单击确定第二点，即可在这两点之间生成一条直线；如在第二点位置双击鼠标，然后继续移动鼠标指针到适当的位置双击确定第三点，依此类推，可绘制连续的线段，当要结束绘制时，可在最后一点处单击；在绘图窗口中拖曳鼠标，可以沿鼠标指针移动的轨迹绘制曲线；绘制线形时，当将鼠标指针移动到第一点位置，鼠标指针显示为 ⊹ 形状时单击，可将绘制的线形闭合，生成不规则的图形。

(2)　【钢笔】工具 ：【钢笔】工具与【贝塞尔】工具的功能及使用方法完全相同，只是【钢笔】工具比【贝塞尔】工具好控制，且在绘制图形过程中可预览鼠标指针的拖曳方向，还可以随时增加或删除节点。

(3)　【贝塞尔】工具 ：选择 工具，在绘图窗口中依次单击，即可绘制直线或连续的线段；在绘图窗口中单击鼠标左键确定线的起始点，然后移动鼠标指针到适当的位置再次单击并拖曳，即可在节点的两边各出现一条控制柄，同时形成曲线；移动鼠标指针后依次单击并拖曳，即可绘制出连续的曲线；当将鼠标指针放置在创建的起始点上，鼠标指针显示为 形状时，单击即可将线闭合形成图形。在没有闭合图形之前，按 Enter 键、空格键或选择其他工具，即可结束操作生成曲线。

(4)　【折线】工具 ：选择 工具，在绘图窗口中依次单击，可创建连续的线段；在绘图窗口中拖曳鼠标指针，可以沿鼠标指针移动的轨迹绘制曲线。要结束操作，可在终点处双击。如将鼠标指针移动到创建的第一点位置，当鼠标指针显示为 形状时单击，也可将绘制的线形闭合，生成不规则的图形。

要点提示 在利用【钢笔】工具或【贝塞尔】工具绘制图形时，在没有闭合图形之前，按 Ctrl+Z 键或 Alt+Backspace 键，可自后向前擦除刚才绘制的线段，每按一次，将擦除一段。按 Delete 键，可删除绘制的所有线。另外，在利用【钢笔】工具绘制图形时，按住 Ctrl 键，将鼠标指针移动到绘制的节点上，按下鼠标左键并拖曳，可以移动该节点的位置。

(5)　【3 点曲线】工具 ：选择 工具，在绘图窗口中按下鼠标左键不放，然后向任意方向拖曳，确定曲线的两个端点，至合适位置后释放鼠标左键，再移动鼠标确定曲线的弧度，至合适位置后再次单击，即可完成曲线的绘制。

【手绘】工具 、【钢笔】工具 、【折线】工具 和【3 点曲线】工具 的属性栏基本相同，如图 3-1 所示。【贝塞尔】工具的属性栏与【形状】工具的属性栏相同，将在第 3.2.1 小节中讲解。

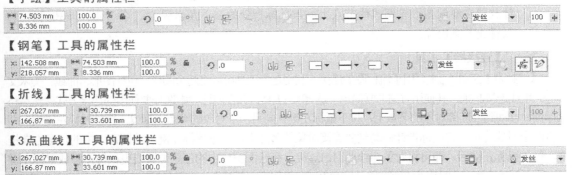

图3-1　各工具的属性栏

- 【起始箭头选择器】按钮 ：设置绘制线段起始处的箭头样式。单击此按钮，将弹出如图 3-2 所示的【箭头选择】面板。在此面板中可以选择任意起始箭头样式。使用不同的箭头样式绘制出的直线效果如图 3-3 所示。当单击【箭头选择】面板中的 其它(O)... 按钮时，系统将弹出如图 3-4 所示的【编辑箭头尖】对话框，在此对话框中可以调整箭头的形状。

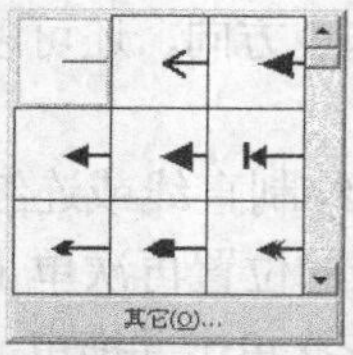

图3-2 【箭头选择】面板

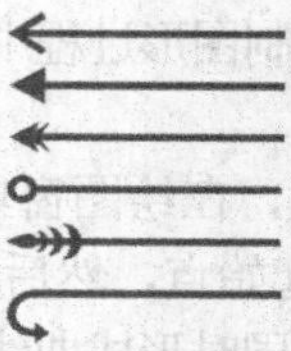

图3-3 使用不同的箭头样式绘制的直线效果

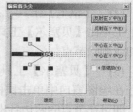

图3-4 【编辑箭头尖】对话框

- 【轮廓样式选择器】按钮 ─▼：设置图形的外轮廓线或未闭合线形的样式。

- 【终止箭头选择器】按钮 ─▼：设置绘制线段终点处箭头的样式。其功能及使用方法与【起始箭头选择器】按钮相同。

- 【自动闭合曲线】按钮 ：选择任意未闭合的线形，单击此按钮，可以通过一条直线将当前未闭合的线形进行连接，使其闭合。

- 【手绘平滑】选项 100 ：在文本框中输入数值，或单击右侧的 按钮并拖曳弹出的滑块，可以设置绘制线形的平滑程度。数值越小，绘制的图形边缘越不光滑。当设置不同的【手绘平滑】参数时，绘制出的线形态如图 3-5 所示。

图3-5 设置不同参数时绘制的图形效果对比

- 【预览模式】按钮 ：激活此按钮，在利用【钢笔】工具绘制图形时可以预览绘制的图形形状。

- 【自动添加/删除】按钮 ：激活此按钮，利用【钢笔】工具绘制图形时，可以对图形上的节点进行添加或删除。将鼠标指针移动到绘制图形的轮廓线上，当鼠标指针的右下角出现"+"符号时，单击将会在单击鼠标位置添加一个节点；将鼠标指针放置在绘制图形轮廓线的节点上，当鼠标指针的右下角出现"-"符号时，单击可以将此节点删除。

二、【连接器】工具

【连接器】工具 主要用于流程图的连接，利用这个工具可以将两个图形（包括图形、曲线、美术文本等）用线连接起来，其使用方法非常简单：选择 工具，并在属性栏中选择要使用的连接方式，然后将鼠标指针移动到要连接对象的节点上，按下鼠标左键并向另一个对象的节点上拖曳，释放鼠标左键后，即可将两个对象连接。将鼠标指针移动到要连接对象的节点上，按下鼠标左键向绘图窗口中的任意方向拖曳，释放鼠标左键后，即可将对象与绘图窗口连接。在绘图窗口中的任意位置拖曳鼠标，释放鼠标左键后，即可创建连线。此时连线没有连接任何对象，它将作为一条普通的线段存在。

要点提示 如果要把两个对象连接起来，必须将连线连接到对象的对齐点上。当两个对象处于连接状态时，删除其中的一个对象，它们之间的连线也将被删除。利用【挑选】工具选择连线，然后按 Delete 键可只删除创建的连线。

【连接器】工具的属性栏如图 3-6 所示。

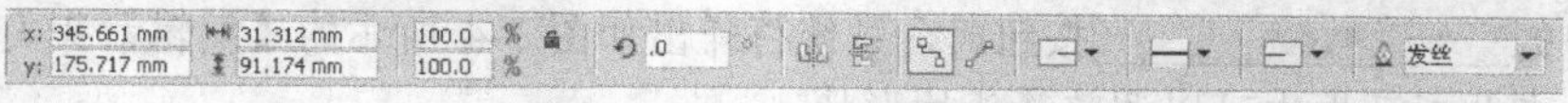

| x: 345.661 mm | ⬌ 31.312 mm | 100.0 | % | | | | | | | | | 发丝 |
| y: 175.717 mm | ⬍ 91.174 mm | 100.0 | % | | | | | | | | | |

图3-6 【连接器】工具的属性栏

- 【成角连接器】按钮：激活此按钮，将鼠标指针移动到绘图窗口中连接对象时，可以将两个对象以折线的形式连接起来。
- 【直线连接器】按钮：激活此按钮，将鼠标指针移动到绘图窗口中连接对象时，可以将两个对象以直线的形式连接起来。

三、【智能绘图】工具

选择【智能绘图】工具，并在属性栏中设置好【形状识别等级】和【智能平滑等级】选项后，将鼠标指针移动到绘图窗口中自由草绘一些线条（最好有一点规律性，如大体像椭圆形、矩形或三角形等），系统会自动对绘制的线条进行识别、判断，并组织成最接近的几何形状。如果绘制的图形未被转换为某种形状，则系统对其进行平滑处理，转换为平滑曲线。

【智能绘图】工具的属性栏如图3-7所示。

图3-7 智能绘图工具的属性栏

- 【形状识别等级】选项：设置图形转换的识别等级，等级越低最终图形越接近手绘形状。
- 【智能平滑等级】选项：设置平滑等级，等级越高最终图形越平滑。

3.1.2 范例解析——绘制小房子

下面灵活运用 3.1.1 小节介绍的工具来绘制小房子场景，如图3-8所示。

首先利用【钢笔】工具绘制绿色图形作为草地，然后灵活运用各种绘图工具绘制出小房子及树图形即可，具体操作方法如下。

图3-8 绘制的小房子场景

1. 按 Ctrl+N 键新建一个图形文件。
2. 选择 工具，将鼠标指针移动到画面中的合适位置按下鼠标左键并向上拖曳，状态如图3-9所示。
3. 至合适位置后释放鼠标左键，然后将鼠标指针移动到如图 3-10 所示的位置按下鼠标左键并拖曳，状态如图3-11所示。

图3-9 拖曳鼠标时的状态（1）　　　　图3-10 确定的位置　　　　图3-11 拖曳鼠标时的状态（2）

4. 至合适位置后，再次移动鼠标指针至如图 3-12 所示的位置，按下鼠标左键并向下拖曳，确定第 3 点。然后用相同的方法确定第 4 点，状态如图3-13所示。

图3-12 确定第 3 点　　　　　　　　　图3-13 确定第 4 点

5. 将鼠标指针移动到起点位置，当鼠标指针显示为 🖫。形状时按下鼠标左键并向下拖曳，闭合图形，状态如图 3-14 所示。

6. 为图形填充草绿色（C:20,M:2,Y:74），并去除外轮廓。

7. 选择 📷 工具，将鼠标指针移动到绿色图形上依次单击，绘制出如图 3-15 所示的不规则图形。

图3-14 闭合图形状态

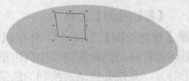

图3-15 绘制的图形

8. 为绘制的图形填充土黄色（C:7,M:8,Y:28），然后去除外轮廓。

9. 继续利用 📷 工具，绘制出如图 3-16 所示的图形，然后为其填充灰色（C:2,M:1,Y:2），并去除外轮廓。

10. 用与步骤 9 相同的方法，依次绘制出小房子的窗户、房顶及烟囱图形，如图 3-17 所示。

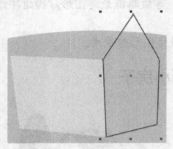

图3-16 绘制的图形

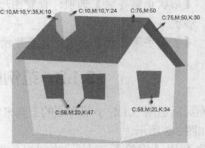

图3-17 绘制出的小房子

小房子绘制完成后，下面来绘制树形。

11. 选择 📷 工具，用与绘制"草地"图形相同的方法绘制出如图 3-18 所示的"树叶"图形，其填充色为绿色（C:70,Y:100,K:30），无外轮廓。

12. 继续利用 📷 工具绘制出如图 3-19 所示的"树干"图形，其填充色为褐色（M:75,Y:100,K:45），无外轮廓。

图3-18 绘制的"树叶"图形

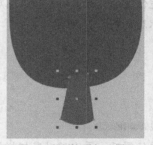

图3-19 绘制的"树干"图形

13. 执行【排列】/【顺序】/【向后一层】命令，将绘制的"树干"图形调整至"树叶"图形的下方。

14. 继续利用 📷 工具绘制线形，状态如图 3-20 所示，然后按住 Ctrl 键单击如图 3-21 所示的控制点，将该处的锚点转换为锐角，再绘制后面的线形，使图形闭合，如图 3-22 所示。

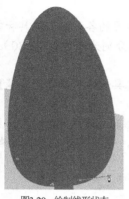
图3-20 绘制线形状态

图3-21 鼠标指针单击的控制点

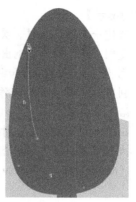
图3-22 绘制图形状态

15. 为绘制的图形填充深绿色（C:70,M:6,Y:100,K:45），并去除外轮廓。

16. 用与上面相同的绘制图形方法，绘制出如图 3-23 所示的"草丛"图形，即可完成小房子场景的绘制。

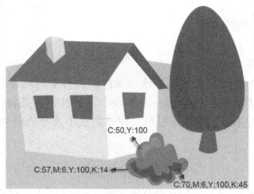
图3-23 绘制的"草丛"图形

17. 按 Ctrl+S 组合键，将此文件命名为"绘制小房子.cdr"保存。

3.1.3 课堂实训——绘制另一种形式的小房子图形

用与第 3.1.2 小节绘制案例场景相同的方法绘制出如图 3-24 所示的小房子图形。

图3-24 绘制的小房子

【步骤提示】

1. 新建一个图形文件。灵活运用上一节学习的基本绘图工具及本讲学习的各种线形工具和各种复制、镜像操作绘制出如图 3-25 所示的小房子图形轮廓，其填充色分别为浅黄色（Y:30）、红色（M:100,Y:100）和白色（颜色也可自行设置）。

2. 利用 工具绘制折线作为屋顶，然后选择 工具，在弹出的隐藏工具组中选择【轮廓笔】对话框工具 。

3. 在弹出的【轮廓笔】对话框中点选如图 3-26 所示的单选项，将线形的两端设置为圆角，然后执行【排列】/【将轮廓转换为对象】命令，将轮廓转换为对象，并将其颜色修改为粉色（M:80,Y:40），再添加黑色的外轮廓。

图3-25　绘制的小房子轮廓

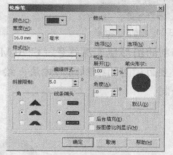

图3-26　点选的单选项

4. 利用 和 工具绘制烟囱图形，然后将作为烟囱的图形全部选择并单击属性栏中的 按钮群组，再执行【排列】/【顺序】/【向后一层】命令，将其调整至粉色图形的后面。

5. 依次绘制绿色（C:100,Y:100）的草丛图形，即可完成小房子的绘制。

3.2　形状工具

利用【形状】工具 可以对绘制的线或图形按照设计需要进行任意形状的调整，也可以用来改变文字的间距、行距及指定文字的位置、旋转角度和属性设置等。下面主要来讲解利用【形状】工具对线形或图形进行调整的方法。

3.2.1　功能讲解

图形包括几何图形和曲线图形。几何图形是指不具有曲线性质的图形，如矩形、椭圆形和多边形等。曲线图形是指利用【手绘】工具组中的工具绘制的线形或闭合图形。利用【形状】工具调整不同的图形其方法也各不相同，分别如下。

一、调整几何图形

利用【形状】工具调整几何图形时，其属性栏与调整图形的属性栏相同。调整方法为：选择几何图形，然后选择 工具（快捷键为 F10），再将鼠标指针移动到任意控制节点上按下鼠标左键并拖曳，至合适位置后释放鼠标左键，即可对几何图形进行调整。

 当需要将几何图形调整成具有曲线的任意图形时，必须将此图形转换为曲线图形。方法为：选择几何图形，然后执行【排列】/【转换为曲线】命令（快捷键为 Ctrl+Q）或单击属性栏中的 按钮，即可将其转换为曲线。

二、调整曲线图形

选择曲线图形,然后选择【形状】工具 ,此时的属性栏如图 3-27 所示。

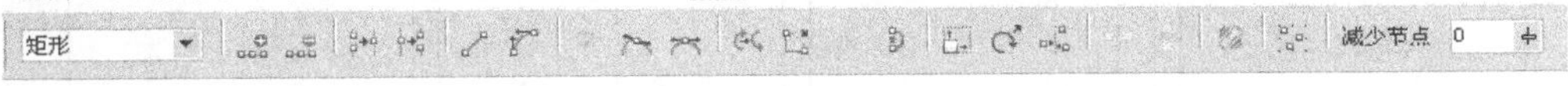

| 矩形 | | | | | | | | | | | | | | | | | | | | | | | 减少节点 0 | |

图3-27　【形状】工具的属性栏

(1)　选择节点:利用 工具调整曲线图形之前,首先要选择相应的节点,【形状】工具属性栏中有两种节点选择方式,分别为【矩形】和【手绘】。

- 选择【矩形】节点选择方式,在拖曳鼠标选择节点时,根据拖曳的区域会自动生成一个矩形框,释放鼠标左键后,矩形框内的节点会全部被选择。
- 选择【手绘】节点选择方式,在拖曳鼠标选择节点时,将用自由手绘的方式拖出一个不规则的形状区域,释放鼠标左键后,区域内的节点会全部被选择。

> **要点提示**　选择节点后,可同时对所选择的多个节点进行调节,以对曲线进行调整。如果要取消对节点的选择,在工作区的空白处单击或者按 Esc 键即可。

(2)　添加节点:利用【添加节点】按钮 ,可以在线或图形上的指定位置添加节点。操作方法为:先将鼠标指针移动到线上,当鼠标指针显示为 形状时单击,此时鼠标单击处显示一个小黑点,单击属性栏中的 按钮,即可在此处添加一个节点。

> **要点提示**　除了可以利用 按钮在曲线上添加节点外,还有以下几种方法。(1)利用【形状】工具在曲线上需要添加节点的位置双击。(2)利用【形状】工具在需要添加节点的位置单击,然后按键盘中数字区的 + 键。(3)利用【形状】工具选择两个或两个以上的节点,然后单击 按钮或按键盘中数字区的 + 键,即可在选择的每两个节点中间添加一个节点。

(3)　删除节点:利用【删除节点】按钮 ,可以将选择的节点删除。操作方法为:将鼠标指针移动到要删除的节点上单击鼠标左键将其选择,然后单击属性栏中的 按钮,即可将该节点删除。

> **要点提示**　除了可以利用 按钮删除曲线上的节点外,还有以下两种方法。(1)利用【形状】工具在曲线上需要删除的节点上双击。(2)利用【形状】工具将要删除的节点选择,按 Delete 键或键盘中数字区的 - 键。

(4)　连接节点:利用【连接两个节点】按钮 ,可以把未闭合的线连接起来。操作方法为:先选择未闭合曲线的起点和终点,然后单击 按钮,即可将选择的两个节点连接为一个节点。

(5)　分割节点:利用【分割曲线】按钮 ,可以把闭合的线分割开。操作方法为:选择需要分割开的节点,单击 按钮可以将其分成两个节点。注意,将曲线分割后,需要将节点移动位置才可以看出效果。

(6)　转换曲线为直线:单击【转换曲线为直线】按钮 ,可以把当前选择的曲线转换为直线。图 3-28 所示为原图与转换为直线后的效果。

(7)　转换直线为曲线:单击【转换直线为曲线】按钮 ,可以把当前选择的直线转换为曲线,从而进行任意形状的调整。其转换方法分为以下两种。

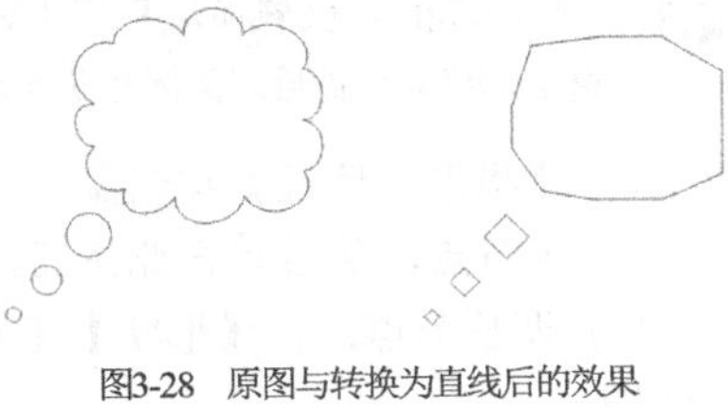

图3-28　原图与转换为直线后的效果

- 当选择直线图形中的一个节点时,单击 按钮,在被选择的节点逆时针方向的线段上将出现两条控制柄,通过调整控制柄的长度和斜率,可以调整曲线的形状,如图 3-29 所示。

  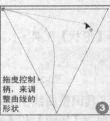 

图3-29　转换曲线并调整形状

- 将图形中所有的节点选择后，单击属性栏中的 按钮，则使整个图形的所有节点转换为曲线，将鼠标指针放置在任意边的轮廓上拖曳，即可对图形进行调整。

(8)　转换节点类型：节点转换为曲线性质后，节点还具有尖突、平滑和对称 3 种类型，如图 3-30 所示。

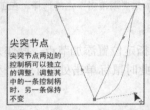 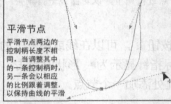 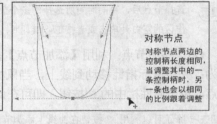

图3-30　节点的 3 种类型

- 当选择的节点为平滑节点或对称节点时，单击属性栏中的【使节点成为尖突】按钮 ，可将节点转换为尖突节点。
- 当选择的节点为尖突节点或对称节点时，单击属性栏中的【平滑节点】按钮 ，可将节点转换为平滑节点。此节点常用作直线和曲线之间的过渡节点。
- 当选择的节点为尖突节点或平滑节点时，单击【生成对称节点】按钮 ，可以将节点转换为对称节点。对称节点不能用于连接直线和曲线。

(9)　曲线的设置：在【形状】工具的属性栏中有 4 个按钮是用来设置曲线的，【自动闭合曲线】按钮 在前面已经讲过，下面来讲解其他 3 个按钮的功能。

- 【反转曲线的方向】按钮 ：选择任意转换为曲线的线形和图形，单击此按钮，将改变曲线的方向，即将起始点与终点反转。
- 【延长曲线使之闭合】按钮 ：当绘制了未闭合的曲线图形时，将起始点和终点选择，然后单击此按钮，可以将两个被选择的节点通过直线进行连接，从而达到闭合的效果。

零点提示 按钮和 按钮都是用于闭合图形的，但两者有本质上的不同，前者的闭合条件是选择未闭合图形的起点和终点，而后者的闭合条件是选择任意未闭合的曲线即可。

- 【提取子路径】按钮 ：使用【形状】工具选择结合对象上的某一线段、节点或一组节点，然后单击此按钮，可以在结合的对象中提取子路径。

(10)　调整节点：在【形状】工具的属性栏中有 5 个按钮是用来调整、对齐和映射节点的，其功能如下。

- 【延展与缩放节点】按钮 ：单击此按钮，将在当前选择的节点上出现一个缩放框，用鼠标拖曳缩放框上的任意一个控制点，可以使被选择的节点之间的线段伸长或者缩短。

- 【旋转与倾斜节点】按钮 ⟳：单击此按钮，将在当前选择的节点上出现一个倾斜旋转框。用鼠标拖曳倾斜旋转框上的任意角控制点，可以通过旋转节点来对图形进行调整；用鼠标拖曳倾斜旋转框上各边中间的控制点，可以通过倾斜节点来对图形进行调整。

- 【对齐节点】按钮 ⟐：当在图形中选择两个或两个以上的节点时，此按钮才可用。单击此按钮，将弹出如图3-31所示的【节点对齐】设置面板。

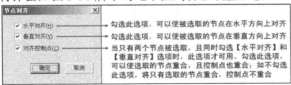

图3-31 【节点对齐】设置面板

- 【水平反射节点】按钮 ⬅：激活此按钮，在调整指定的节点时，节点将在水平方向映射。

- 【垂直反射节点】按钮 ⬆：激活此按钮，在调整指定的节点时，节点将在垂直方向映射。

映射节点模式是指在调整某一节点时，其对应的节点将按相反的方向发生同样的编辑。例如，将某一节点向右移动，它对应的节点将向左移动相同的距离。此模式一般应用于两个相同的曲线对象，其中第二个对象是通过镜像第一个对象而创建的。

(11) 其他选项：在【形状】工具的属性栏中还有 3 个按钮和一个【曲线平滑度】参数设置，其功能如下。

- 【弹性模式】按钮 ⬚：激活此按钮，在移动节点时，节点将具有弹性性质，即移动节点时周围的节点也将会随鼠标的拖曳而产生相应的调整。

- 【选择全部节点】按钮 ⠿：单击此按钮，可以将当前选择图形中的所有节点全部选择。

- 减少节点 按钮：当图形中有很多个节点时，单击此按钮将根据图形的形状来减少图形中多余的节点。

- 【曲线平滑度】按钮 [0 ⬦]：可以改变被选择节点的曲线平滑度，起到再次减少节点的功能，数值越大，曲线变形越大。

3.2.2 范例解析——绘制花图案

下面灵活运用【形状】工具 ⬚ 对各种图形进行调整，绘制出如图 3-32 所示的花图案。

在绘制这种花图案时，要先观察图案有没有规律性，找到规律后才能有序地进行绘制，以免无从下手。通过图示可以看出，花图案上侧和左侧的图形完全一样，这样在绘制时只绘制一组就可以了，另一组可通过复制得到，具体操作方法介绍如下。

1. 按 Ctrl+N 键新建一个图形文件。

图3-32 绘制的花图案

2. 选择 ◯ 工具，绘制出如图 3-33 所示的椭圆形，然后单击属性栏中的 ⚙ 按钮，将几何图形转换为曲线图形。

3. 选择 ⬚ 工具，框选如图 3-34 所示的节点，然后单击属性栏中的 ╱ 按钮，将曲线段转换为直线段，图形调整后的形态如图 3-35 所示。

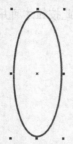
图3-33 绘制的椭圆形

图3-34 框选的节点

图3-35 调整后的图形形态

4. 为调整后的图形填充蓝色（C:60），并去除外轮廓。

5. 选择 ◯ 工具，绘制倾斜的椭圆形，然后将其向左下方移动复制，效果如图 3-36 所示。

6. 利用 ⬚ 工具将两个倾斜的椭圆形同时选择，然后单击属性栏中的 ⬚ 按钮，用复制出的椭圆形对下方的椭圆形进行修剪，效果如图 3-37 所示。

7. 为修剪后的图形填充粉色（C:7,M:32），并去除外轮廓，然后调整至如图 3-38 所示的大小及位置。

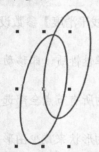
图3-36 复制出的椭圆形

图3-37 修剪后的图形形态

图3-38 图形调整后的大小及位置

8. 选择 ✏ 工具，绘制出如图 3-39 所示的图形，然后选择 ⬚ 工具，单击属性栏中的 ⬚ 按钮，将图形的所有节点同时选择。

9. 单击属性栏中的 ╱ 按钮，将图形中的直线段转换为曲线段，然后将鼠标指针移动到右侧线形的上方位置，按下鼠标左键并向右下方拖曳，将线形调整至如图 3-40 所示的形态。

10. 继续利用 ⬚ 工具对其他两条线形进行调整，最终效果如图 3-41 所示。

图3-39 绘制的图形

图3-40 调整线形时的状态

图3-41 图形调整后的形态

11. 利用 🔨 工具将调整后的图形调整至如图 3-42 所示的大小及位置。

    如果调整的图形不符合需要，可再次选择 🔨 工具，并选择各节点，再调整显示出的节点调节柄，即可再次调整图形的形态。

12. 为调整后的图形填充浅粉色（C:2,M:18），并去除外轮廓，然后用与上面相同的绘制并再调整图形的方法，依次绘制出如图 3-43 所示的图形。

13. 选择右下方的图形，然后将鼠标指针移动到右上角的控制点上，按下鼠标左键并向左下方拖曳，状态如图 3-44 所示。

图3-42 调整后的图形形态

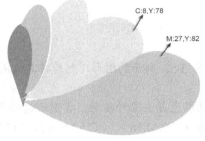
图3-43 绘制出的图形

图3-44 缩小图形状态

14. 至合适位置后在不释放鼠标左键的情况下单击鼠标右键，将图形缩小复制，然后将复制出图形的颜色修改为黄色（C:2,M:9,Y:88），如图 3-45 所示。

15. 用与步骤 13～14 相同的方法，将复制出的图形再次缩小复制，然后将图形的颜色修改为荧光黄色（C;5,Y:87），如图 3-46 所示。

16. 利用 🔨 工具将除蓝色（C:60）图形外的所有图形同时选择，然后将其在水平方向上向左镜像复制，效果如图 3-47 所示。

图3-45 复制出的图形

图3-46 再次复制出的图形

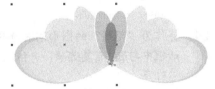
图3-47 镜像复制出的图形

17. 利用 🖊 和 🔨 工具绘制出如图 3-48 所示的图形，然后为其填充蓝色（C:46,Y:4）并去除外轮廓。

18. 执行【排列】/【顺序】/【到图层后面】命令，将蓝色图形调整至所有图形的后面，然后利用 🖊 工具依次单击绘制出如图 3-49 所示的星形。

19. 为绘制的星形填充绿色（C:85,M:22,Y:100,K:10）并去除外轮廓，然后利用 🖊 工具依次绘制出如图 3-50 所示的黄色（C:8,Y:83）和白色椭圆形。

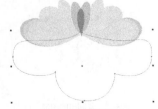
图3-48 绘制的图形

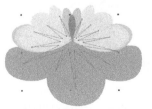
图3-49 绘制的星形

图3-50 绘制的椭圆形

20. 双击⬚工具，将页面中的图形全部选择，然后单击⬚按钮进行群组。

21. 继续利用⬚和⬚工具依次绘制出如图 3-51 所示的图形。注意绘制后，将各组图形分别群组，以利于下面进行组合时方便选择。

图3-51 绘制的图形

接下来绘制花朵图形。

22. 利用⬚工具和⬚工具绘制出如图 3-52 所示的图形，然后将其依次缩小复制，状态如图 3-53 所示。

23. 分别为复制出的图形填充不同的颜色并去除外轮廓，各图形的颜色由大到小分别为不同明暗层次的粉色，参数设置分别为（C:2,M:18）、（C:5,M:24）、（C:7,M:31）、（C:11,M:38）和（C:14,M:45），如图 3-54 所示。

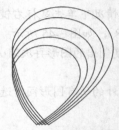

图3-52 绘制出的图形　　　　　图3-53 缩小复制出的图形　　　　　图3-54 填充颜色后的效果

24. 将作为"花瓣"的图形同时选择，然后单击属性栏中的⬚按钮，在弹出的【对齐与分布】对话框中勾选⬚复选项，并依次单击应用和关闭按钮，将选择的图形在水平方向上以中心对齐。

25. 单击属性栏中的⬚按钮，将选择的图形群组，然后在群组后的图形上单击，使其周围显示旋转和扭曲符号，再将旋转中心向下调整至如图 3-55 所示的位置。

26. 将鼠标指针放置到右上角的旋转符号上，按下鼠标左键并向下拖曳，状态如图 3-56 所示，至合适位置后在不释放鼠标左键的情况下单击鼠标右键，旋转复制图形。

27. 用与步骤 26 相同的方法依次对图形进行旋转复制，然后分别调整各花瓣的大小，最终效果如图 3-57 所示。

图3-55 旋转中心调整后的位置　　　　图3-56 旋转复制图形状态　　　　图3-57 复制出的图形

28. 利用 ◎ 工具依次绘制紫色（C:25,M:80）和黄色（Y:100）的无外轮廓圆形，各图形的大小及位置如图 3-58 所示。

29. 在黄色（Y:100）图形上单击两次，将旋转中心调整至下方圆形的中心位置，如图 3-59 所示。

30. 用旋转复制图形操作依次复制出如图 3-60 所示的圆形，然后将作为"花朵"的所有图形选择并群组。

图3-58 绘制的圆形　　　　　　图3-59 旋转中心调整的位置　　　　　　图3-60 复制出的图形

各图形绘制完成后，下面来进行组合。

31. 选择步骤 20 群组的图形，然后将属性栏中 ⟳ 45.0 的参数设置为"45"，将图形逆时针旋转 45°，再执行【排列】/【顺序】/【置于图层上方】命令，将其调整至所有图形的上方。

32. 分别选择步骤 21 中绘制的图形，将其分别调整大小后移动到如图 3-61 所示的位置。

33. 选择群组的"花朵"图形，调整大小后移动到如图 3-62 所示的位置，然后用移动复制并调整大小的方法，将复制出的花朵分别调整大小，最终效果如图 3-63 所示。

图3-61 调整后的叶子图形　　　　图3-62 花朵图形调整后的大小及位置　　　　图3-63 复制出的花朵

34. 将"叶子"和"花朵"图形同时选择，并向左移动复制，如图 3-64 所示。

35. 将复制出的图形群组，然后将属性栏中的 ⟳ 90.0 参数设置为"90"，并单击 ⬓ 按钮，将群组后的图形旋转并在垂直方向上镜像。

36. 将调整后的图形移动到如图 3-65 所示的位置，注意要执行【排列】/【顺序】/【置于图层下方】命令。

图3-64 复制出的图形　　　　　　　　　　图3-65 调整后的位置

37. 至此，花图案绘制完成，按 Ctrl+S 组合键，将此文件命名为"花图案.cdr"保存。

3.2.3 课堂实训——绘制花图案组合

在上一小节绘制花图案的基础上绘制出如图 3-66 所示的花图案组合。

【步骤提示】

1. 新建图形文件，将第 3.2.2 小节步骤 20 群组的图形及群组的花朵图形复制到当前文件中。

2. 选择花朵图形，单击属性栏中的 按钮，将其群组取消，然后将各 "花瓣" 图形的颜色进行修改，由大到小的颜色分别为 蓝色 （C:50,Y:10）、浅蓝色 （C:44,Y:9）、淡蓝色 （C:35,Y:7）、天蓝色（C:20,Y:4）和白色，如图 3-67 所示。

3. 利用 和 工具依次绘制出如图 3-68 所示的橘红色 （M:75,Y:95）图形和绿色（C:35,Y:95）图形。

图3-66 绘制的花图案组合

图3-67 修改后的图形颜色

图3-68 绘制的图形

4. 用移动复制、调整图形大小及旋转复制操作，将各图形进行组合并群组，效果如图 3-69 所示。

5. 将原 "花朵" 图形移动复制，然后调整至如图 3-70 所示的位置作为图形的旋转中心。

图3-69 组合后的效果

图3-70 复制图形的位置

6. 将步骤 4 群组的图形围绕步骤 5 中的图形进行旋转复制，即可完成花图案的组合。

3.3 艺术笔工具

【艺术笔】工具 在 CorelDRAW 中是一个比较特殊而又非常重要的工具，它可以绘制许多特殊样式的线条和图案。

3.3.1　功能讲解

【艺术笔】工具 的使用方法非常简单：选择 工具（快捷键为 ），并在属性栏中设置好相应的选项，然后在绘图窗口中按住鼠标左键并拖曳，释放鼠标左键后即可绘制出设置的线条或图案。

【艺术笔】工具 的属性栏中有【预设】 、【笔刷】 、【喷罐】 、【书法】 和【压力】 5 个按钮。当激活不同的按钮时，其属性栏中的选项也各不相同，下面来分别介绍。

一、【预设】按钮

激活【艺术笔】工具属性栏中的 按钮，其属性栏如图 3-71 所示。

图3-71　激活 按钮时的属性栏

- 【艺术笔工具宽度】选项 ：设置艺术笔的宽度。数值越小，笔头越细。
- 【预设笔触列表】选项 ：单击此选项窗口，可以在弹出的下拉列表中选择需要的笔触样式。

二、【笔刷】按钮

激活【艺术笔】工具属性栏中的 按钮，其属性栏如图 3-72 所示。

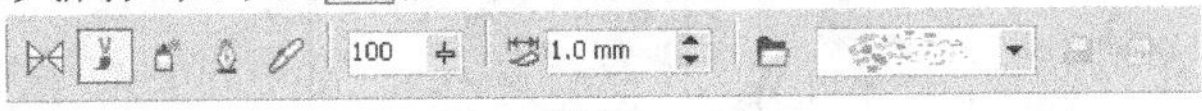

图3-72　激活 按钮时的属性栏

- 【浏览】按钮 ：单击此按钮，可在弹出的【浏览文件夹】对话框中将其他位置保存的画笔笔触样式加载到当前的笔触列表中。
- 【笔触列表】选项 ：在笔触样式列表中，移动鼠标指针至需要的画笔笔触样式上单击，即可将该笔触样式选择。
- 【保存艺术笔触】按钮 ：单击此按钮，可以将绘制的对象作为笔触进行保存。其使用方法为：先选择一个或一个群组对象，然后单击 工具属性栏中的 按钮，系统将弹出【另存为】对话框，在此对话框的【文件名】选项中给要保存的笔触样式命名，然后单击 保存(S) 按钮，即可完成对笔触样式的保存。此时新建的笔触将显示在【笔触列表】的下方。
- 【删除】按钮 ：只有新建了笔触样式后，此按钮才可用。单击此按钮，可以将当前选择的新建笔触样式在【笔触列表】中删除。

三、【喷罐】按钮

激活【艺术笔】工具属性栏中的 按钮，其属性栏如图 3-73 所示。

图3-73　激活 按钮时的属性栏

- 【要喷涂的对象大小】选项 ：可以设置喷绘图形的大小。单击 按钮将其激活，可以分别设置图形的长度和宽度。
- 【喷涂列表文件列表】选项 ：在该喷涂列表中，移动鼠标指针至需要的喷涂图形上单击，即可将该样式选择。

- 【选择喷涂顺序】选项 随机 ▼：包括【随机】、【顺序】和【按方向】3 个选项，当选择不同的选项时，喷绘出的图形也不相同。图 3-74 所示为分别选择这 3 个选项时喷绘出的图形效果对比。

选取【随机】选项　　　　选取【顺序】选项　　　　选取【按方向】选项

图3-74　选择不同选项时喷绘出的图形效果对比

- 【添加到喷涂列表】按钮 ：单击此按钮，可以将当前选择的图形添加到【喷涂列表文件列表】中，以便在需要时直接调用。

- 【喷涂列表对话框】按钮 ：单击此按钮，将弹出【创建播放列表】对话框。在此对话框中，可以对【喷涂列表文件列表】选项中当前选择样式的图形进行添加或删除。

- 【要喷涂的对象的小块颜料/间距】选项 ：此选项上面文本框中的数值决定喷出图形的密度大小。数值越大，喷出图形的密度越大。下面文本框中的数值决定喷出图形中图像之间的距离大小。数值越大，喷出图形间的距离越大。图 3-75 所示为设置不同密度与距离时喷绘出的图形效果对比。

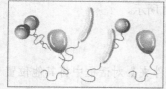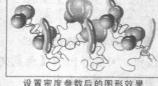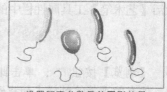

默认参数　　　　　　设置密度参数后的图形效果　　　　设置距离参数后的图形效果

图3-75　设置不同密度与距离时喷绘出的图形效果对比

- 【旋转】按钮 ：单击此按钮将弹出【旋转】参数设置面板，在此面板中可以设置喷涂图形的旋转角度和旋转方式等。

- 【偏移】按钮 ：单击此按钮将弹出【偏移】参数设置面板，在此面板中可以设置喷绘图形的偏移参数及偏移方向等。

- 【重置值】按钮 ：在设置喷绘对象的密度或间距时，当设置好新的数值但没有确定之前，单击此按钮，可以取消设置的数值。

四、【书法】按钮 ☖

激活 ☖ 按钮，其属性栏如图 3-76 所示。其中【书法角度】选项 用于设置笔触书写时的角度。当为"0"时，绘制水平直线时宽度最窄，而绘制垂直直线时宽度最宽；当为"90"时，绘制水平直线时宽度最宽，而绘制垂直直线时宽度最窄。

五、【压力】按钮 ✎

激活 ✎ 按钮，其属性栏如图 3-77 所示。该属性栏中的选项与【预设】属性栏中的相同，在此不再赘述。

图3-76　激活 ☖ 按钮时的属性栏　　　　　　图3-77　激活 ✎ 按钮时的属性栏

3.3.2　范例解析——艺术笔工具应用

　　本节主要利用【艺术笔】工具 ，并结合【排列】菜单中的【打散】命令和【取消群组】命令，给画面添加雪花和小草，制作出如图3-78所示的插画效果。

　　本案例主要利用【艺术笔】工具 在画面中喷绘出一系列的雪花图形，然后将其拆分为独立的图形，再依次调整图形的大小及位置，或进行复制操作，即可为画面添加雪花图形。最后用相同的方法为画面添加上小草图形即可。具体操作方法介绍如下。

1. 新建一个图形文件，然后按 Ctrl+I 键，将附盘中"图库\第 03 讲"目录下名为"圣诞背景.jpg"的文件导入。

2. 选择 工具，激活属性栏中的 按钮，然后在属性栏中的 新喷涂列表▼ 下拉列表中选择如图3-79 所示的"雪花"选项。

图3-78　为画面添加的雪花及小草

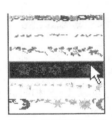

图3-79　选择的雪花选项

3. 在绘图窗口中自左向右拖曳鼠标指针喷绘雪花图形，如图 3-80 所示。

图3-80　喷绘出的雪花图形

> **要点提示**
> 由于 工具属性栏中【选择喷涂顺序】选项中选择的是【随机】选项，因此每拖曳一次鼠标指针，生成的雪花形态也各不相同，如读者喷绘出的雪花图形与本例给出的不同也没关系，接着进行下面的操作即可。

4. 执行【排列】/【打散艺术笔 群组】命令，将雪花图形拆分，拆分后会出现一条控制雪花图形组合规律的直线路径，然后执行【排列】/【取消群组】命令，将雪花图形的群组取消。

5. 选择 工具，在画面的空白区域单击，取消任何图形的选择状态，然后将直线路径选择并按 Delete 键删除。

6. 利用 工具选择第一个雪花图形，将其填充色修改为白色，然后将其移动到圣诞背景中调整至如图 3-81 所示的大小及位置。

7. 用与步骤 6 相同的方法，将其他雪花图形依次选择，调整填充色和大小，然后移动到圣诞背景中。

8. 用移动复制图形及调整图形大小操作，选择需要复制的雪花图形进行复制并调整大小，制作出如图 3-82 所示的雪花分布在画面中的效果。

图3-81 雪花调整后的大小及位置

图3-82 复制出的雪花图形

9. 选择 🖱 工具，然后在属性栏中的 下拉列表中选择图 3-83 所示的"小草"样式。

10. 在绘图窗口中自左向右拖曳鼠标指针喷绘小草图形，然后将小草图形的填充色修改为栗色（M:20,Y:40,K:60），效果如图 3-84 所示。

图3-83 选择的"小草"样式

图3-84 小草修改颜色后的效果

11. 用与步骤 4～8 相同的方法，将小草图形移动到如图 3-85 所示的画面中，完成雪花和小草图形的添加。

图3-85 添加的小草图形

12. 按 Ctrl+S 组合键，将此文件命名为"插画.cdr"保存。

3.3.3 课堂实训——为画面添加图形

用与第 3.3.2 小节相同的方法，利用 🖱 工具为打开的素材图片添加烟花和气球图形，最终效果如图 3-86 所示。

【步骤提示】

1. 新建一个图形文件，然后按 Ctrl+I 键，将附盘中"图库\第 03 讲"目录下名为"城市夜景.jpg"的文件导入。

2. 用与第 3.3.2 小节添加雪花图形相同的方法依次在画面中添加上烟花和气球效果即可。

图3-86 添加烟花及气球后的效果

3.4 综合案例——绘制一幅儿童画

综合运用本讲学习的工具绘制出如图 3-87 所示的儿童画。

图3-87 绘制的儿童画

当初学者看到要绘制这样的儿童画时，也许会感到无处下手，不知该从哪里开始画起，下面先来对这幅画进行分析，将它的绘制思路理清，就可以轻松地绘制了。首先利用【矩形】工具、【折线】工具和【手绘】工具绘制背景，然后利用【钢笔】工具、【形状】工具和【椭圆形】工具绘制太阳、云彩和彩虹效果。再利用【钢笔】工具和【形状】工具绘制草地及小路。接下来将第3.1 节绘制的小房子图形分别导入，再利用移动复制操作将小树及草丛依次复制，最后利用【艺术笔】工具喷绘出草地上的植物即可。其绘制过程示意图如图 3-88 所示。

图3-88 绘制儿童画的过程示意图

【步骤提示】

1. 新建一个横向的图形文件，然后利用□工具绘制矩形，并为其填充青色（C:100），再去除外轮廓。

2. 选择▲工具，在矩形上依次绘制出如图 3-89 所示的图形，填充色为冰蓝色（C:40），无外轮廓。

3. 选择✎工具，将属性栏中 □.4 mm ▾ 的参数设置为 "0.4mm"，然后在步骤 2 中绘制图形的两侧依次绘制出如图 3-90 所示的线形。

图3-89 绘制的图形

图3-90 绘制的线形

4. 将绘制的线形全部选择，然后执行【排列】/【将轮廓转换为对象】命令，将绘制的轮廓线转换为图形，再单击 按钮将其群组，并将其颜色修改为淡黄色（Y:20）。

要点提示 利用【手绘】工具组中的工具绘制线形作为图形时，绘制后最好执行【排列】/【将轮廓转换为对象】命令，将轮廓转换为图形，这样图形在缩放大小时可保持缩放比，不会出现不协调的画面效果。

5. 利用 工具绘制浅黄色（Y:60）的无外轮廓圆形作为太阳，然后利用 和 工具绘制出如图 3-91 所示的图形，其填充色为淡黄色（Y:20），无外轮廓。

6. 利用 和 工具及依次复制并缩放操作，绘制出如图 3-92 所示的彩虹图形。其填充色自后向前依次为洋红色（M:100）、黄色（Y:100）、绿色（C:100,Y:100）和紫色（C:70,M:60）。

图3-91 绘制的图形

图3-92 绘制的彩虹

7. 继续利用 和 工具及移动复制和缩放大小操作，绘制出如图 3-93 所示的白色云彩。然后利用 工具绘制出如图 3-94 所示的绿色（C:43,Y:90）无外轮廓草地图形。

图3-93 绘制的白云图形

图3-94 绘制的草地图形

8. 继续利用 工具绘制出另一侧的草地图形，如图 3-95 所示，其填充色为深绿色（C:53,Y:100,K:7），无外轮廓。然后继续利用 和 工具绘制出如图 3-96 所示的图形。

图3-95 绘制的图形

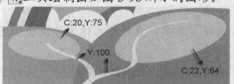

图3-96 绘制的图形

9. 将第 3.1.2 小节和第 3.1.3 小节绘制的两个小房子图形文件打开，然后将第 3.1.2 小节绘制的图形文件设置为工作状态。

10. 利用 工具将页面中除 "草地" 外的所有图形全部选择，然后单击工具栏中的【复制】按钮 ，将选择的图形复制。

11. 将新建的图形文件设置为工作状态，然后单击工具栏中的【粘贴】按钮 ，将复制的图形粘贴至当前文件中，并调整至如图 3-97 所示的大小及位置。

12. 用与步骤 9～11 相同的方法，将第 3.1.3 小节绘制的小房子图形粘贴至当前文件中，调整后的大小及位置如图 3-98 所示。

图3-97 小房子调整后的大小及位置

图3-98 置入的另一个小房子图形

13. 用移动复制和调整图形大小操作，依次将 "树" 和 "草丛" 图形复制并调整大小及位置，最终效果如图 3-99 所示。

图3-99 复制出的树及草丛图形

14. 用与第 3.3.2 小节为画面添加雪花图形相同的方法，为当前画面的下方添加如图 3-100 所示的蘑菇图形。

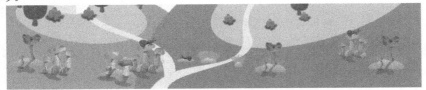
图3-100 添加的蘑菇图形

15. 至此，儿童画绘制完成，按 Ctrl+S 组合键，将此文件命名为 "儿童画.cdr" 保存。

3.5 课后作业

1. 下面主要利用【钢笔】工具 和【形状】工具 来绘制如图 3-101 所示的手提袋图形。操作动画参见光盘中的 "操作动画\第 03 讲\手提袋.avi" 文件。

2. 灵活运用【钢笔】工具、【形状】工具和【椭圆形】工具及旋转复制操作，绘制出如图 3-102 所示的猪图案。操作动画参见光盘中的"操作动画\第 03 讲\猪图案.avi"文件。

此例主要练习绘制图形及调整图形的熟练程度，如对整体的图形结构不能很好地把握，可将附盘中"图库\第 03 讲"目录下名为"猪图案线描图.jpg"的文件导入，然后在此基础上进行绘制。当将工具完全掌握后，即可按照自己的意愿随意绘制图形了。

图3-101 绘制的手提袋　　　　　　　　　　　　　　　　　　　图3-102 绘制的猪图案

填充、轮廓与其他编辑工具

本讲来讲解 CorelDRAW X4 中的各种填充工具、轮廓工具和一些功能比较特殊的编辑工具。填充工具和轮廓工具主要用于对图形的填充色和轮廓进行设置；编辑工具主要用于对图形进行裁剪、分割、擦除或度量。灵活运用这些工具，可以为绘制特殊图形带来很大的方便。本讲课时为 8 小时。

ⓘ 学习目标

◆ 掌握渐变填充工具的应用。

◆ 熟悉为图形填充各种图案和纹理的方法。

◆ 掌握裁剪工具组中各工具的应用。

◆ 了解【涂抹笔刷】工具和【粗糙笔刷】工具的工作原理。

◆ 掌握利用【自由变换】工具变换图形的方法。

◆ 熟悉各种标注样式及添加标注的方法。

4.1 填充工具

利用填充工具，除了可以为图形填充单色外，还可以填充渐变色、图案或纹理等。

4.1.1 功能讲解

填充工具组包括【均匀填充】工具■、【渐变填充】工具■、【图样填充】工具■、【底纹填充】工具▓、【PostScript 填充】工具▒、【交互式填充】工具◇和【网状填充】工具▦，由于【均匀填充】工具已在 2.3.1 小节讲解，下面分别对后 6 种工具进行介绍。

一、渐变填充

利用【渐变填充】工具■可以为图形添加渐变效果，使图形产生立体感或材质感。选中图形后，选择■工具，将弹出如图 4-1 所示的【渐变填充】对话框。

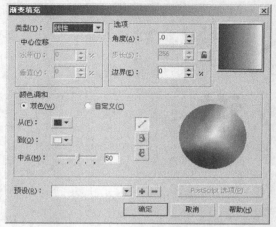

图4-1 【渐变填充】对话框

(1) 【类型】选项：在此下拉列表中包括"线性"、"射线"、"圆锥"和"方角"4 种渐变方式，图 4-2 所示为分别选用这4 种渐变方式时所产生的渐变效果。

【线性】渐变　　　　　【射线】渐变　　　　　【圆锥】渐变　　　　　【方角】渐变

图4-2　不同渐变方式所产生的渐变效果

(2) 【中心位移】栏：当在【类型】下拉列表中选择除"线性"外的其他选项时，【中心位移】栏即可变为可用状态，它主要用于调节渐变中心点的位置。

- 【水平】选项：设置此数值，渐变中心点的位置可以在水平方向上移动。
- 【垂直】选项：设置此数值，渐变中心点的位置可以在垂直方向上移动。
- 也可以同时改变【水平】和【垂直】选项的数值来对渐变中心进行调节。图 4-3 所示为设置与未设置【中心位移】栏中数值时的图形填充效果对比。

(3) 【选项】栏：用于调节渐变色的角度、步长和边界。

- 【角度】选项：用于改变渐变颜色的渐变角度，如图 4-4 所示。

图4-3　设置与未设置【中心位移】后的图形填充效果　　　　图4-4　未设置与设置【角度】后的图形填充效果

- 【步长】选项：激活右侧的【锁定】按钮后才可用。用于对当前渐变的发散强度进行调节，数值越大，发散越大，渐变越平滑，如图 4-5 所示。
- 【边界】选项：决定渐变光源发散的远近度，数值越小发散得越远（最小值为"0"），如图 4-6 所示。

图4-5 设置不同【步长】时图形的填充效果

图4-6 设置不同【边界】时图形的填充效果

（4）【颜色调和】栏：包括【双色】和
【自定义】两种颜色调和方式。

- 点选【双色】单选项，可以单击
【从】按钮■■▼和【到】按钮□▼
来选择要渐变调和的两种颜色。

- 点选【自定义】单选项，可以为图
形填充两种或两种以上颜色混合的
渐变效果，此时的【渐变填充】对
话框如图4-7所示。

下面来介绍【自定义】渐变颜色的设置
方法。

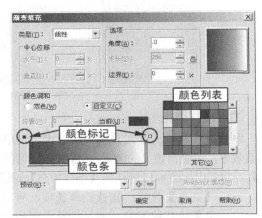

图4-7 【渐变填充】对话框

1. 首先在颜色条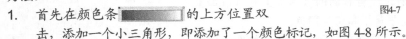的上方位置双
击，添加一个小三角形，即添加了一个颜色标记，如图4-8所示。

2. 在右边的颜色列表中选择要使用的颜色，如"红"颜色，颜色条将变为如图4-9所示的状态。

图4-8 添加的小三角形形态

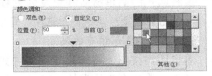

图4-9 选择颜色时的状态

3. 将鼠标指针放置在小三角形上，按下鼠标左键进行拖曳，可以改变小三角形的位置，从而改
变渐变颜色的设置，如图4-10所示。

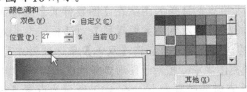

图4-10 改变颜色位置时的状态

要点提示

用上述方法，在颜色条上增加多个颜色标记，并设置不同的颜色，即可完成自定义渐变颜色的设置。如果
右侧的颜色列表中没有读者需要的颜色，可以单击其下方的 其它⑩ 按钮，在弹出的【选择颜色】对话
框中自行调制需要的颜色。另外，在颜色标记上双击，可将该颜色标记从颜色条上删除。

（5）【预设】选项：在此下拉列表中包括软件自带的渐变效果，用户可以直接选择需要的渐
变效果来完成图形的渐变填充。图4-11所示为选择不同渐变后的图形渐变填充效果。

- 【添加】按钮⊕：单击此按钮，可以将当前设置的渐变效果命名后保存至【预设】
下拉列表中。注意，一定要先在【预设】下拉列表中输入保存的名称，然后再单击
此按钮。

- 【删除】按钮 ➖：单击此按钮，可将【预设】列表中当前的渐变选项删除。

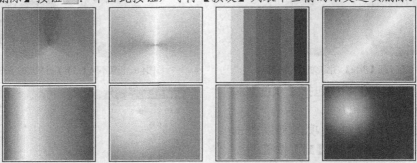

图4-11　选择不同渐变后的图形填充效果

二、图样填充

利用【图样填充】工具 ▣ 可以为选择的图形添加各种各样的图案效果，包括自定义的图案。选择要进行填充的图形后，选择 ▣ 工具，将弹出如图 4-12 所示的【图样填充】对话框。

图4-12　【图样填充】对话框

- 【双色】选项：点选此单选项，可以为选择的图形填充重复的花纹图案。通过设置右侧的【前部】和【后部】颜色，可以为图案设置背景和前景颜色。
- 【全色】选项：点选此单选项，可以为选择的图形填充多种颜色的简单材质和重复的色彩花纹图案。
- 【位图】选项：点选此单选项，可以用位图作为一种填充颜色为选择的图形填充效果。
- 单击图案按钮，将弹出【图案样式】选项面板，在该面板中可以选择要使用的填充样式；滑动右侧的滑块，可以浏览全部的图案样式。
- 单击 装入(D)... 按钮，可在弹出的【导入】对话框中将其他的图案导入到当前的【图案样式】选项面板中。
- 单击 删除(E) 按钮，可将当前选择的图案在【图案样式】选项面板中删除。
- 单击 创建(A)... 按钮，将弹出【双色图案编辑器】对话框，在此对话框中可自行编辑要填充的【双色】图案。此按钮只有点选【双色】单选项时才可用。
- 【原点】栏：决定填充图案中心相对于图形选择框在工作区的水平和垂直距离。
- 【大小】栏：决定填充时的图案大小。图 4-13 所示为设置【宽度】和【高度】值分别为 "50.8" 和 "20.8" 时图形填充后的效果。
- 【变换】栏：决定填充时图案的倾斜和旋转角度。【倾斜】值的取值范围为 "﹣75～75"；【旋转】值的取值范围为 "﹣360～360"。
- 【行或列位移】栏：决定填充图案在水平方向或垂直方向的位移量。
- 【将填充与对象一起变换】选项：勾选此复选项，可以在旋转、倾斜或拉伸图形时，使填充图案与图形一起变换。如果不勾选该项，在变换图形时，填充图案不随图形的变换而变换，如图 4-14 所示。
- 【镜像填充】：勾选此复选项，可以为填充图案设置镜像效果。

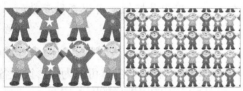

图4-13　图形的填充效果

原图　　　　　未勾选选项　　　　勾选选项

图4-14　变换图形时的不同效果

三、　底纹填充

利用【底纹填充】工具 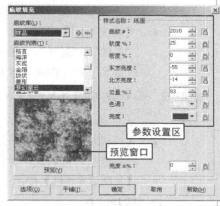 可以将小块的位图作为纹理对图形进行填充，它能够逼真地再现天然材料的外观。选中要进行填充的图形后，选择 工具，将弹出如图 4-15 所示的【底纹填充】对话框。

- 【底纹库】选项：在此下拉列表中可以选择需要的底纹库。
- 【底纹列表】选项：在此列表中可以选择需要的底纹样式。当选择了一种样式后，所选底纹的缩略图即显示在下方的预览窗口中。
- 参数设置区：设置各选项的参数，可以改变所选底纹样式的外观。注意，不同的底纹样式，其参数设置区中的选项也各不相同。

图4-15　【底纹填充】对话框

要点提示 参数设置区中各选项的后面分别有一个 按钮，当该按钮处于激活状态时，表示此选项的参数未被锁定；当该按钮处于未激活状态时，表示此选项的参数处于锁定状态。但无论该参数是否被锁定，都可以对其进行设置，只是在单击 预览(V) 按钮时，被锁定的参数不起作用，只有未锁定的参数在随机变化。

- 预览(V) 按钮：调整完底纹选项的参数后，单击此按钮，即可看到修改后的底纹效果。
- 选项(O)... 按钮：单击此按钮，将弹出【底纹选项】对话框，在此对话框中可以设置纹理的分辨率。该数值越大，纹理越精细，但文件尺寸也相应越大。
- 平铺(T)... 按钮：单击此按钮，将弹出【平铺】对话框，在对话框中可设置纹理的大小、倾斜和旋转角度等。

四、　PostScript 填充

选中要进行填充的图形后，选择 工具，将弹出如图 4-16 所示的【PostScript 底纹】对话框。

- 底纹样式列表：拖曳右侧的滑块，可以选择需要填充的底纹样式。
- 预览窗口：勾选右侧的【预览填充】复选项，预览窗口中可以显示填充样式的效果。
- 参数设置区：设置各选项的参数，可以改变所选底纹的样式。注意，不同的底纹样式，其参数设置区中的选项也各不相同。

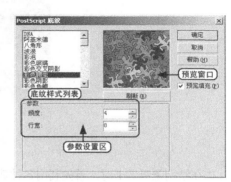

图4-16　【PostScript 底纹】对话框

- 刷新(R) 按钮：确认【预览填充】复选项被勾选，单击此按钮，可以查看参数调整后的填充效果。

五、交互式填充

【交互式填充】工具 ❖ 包含填充工具组中所有填充工具的功能，利用该工具可以为图形设置各种填充效果，其属性栏根据设置的填充样式的不同而不同。默认状态下的属性栏如图4-17所示。

图4-17　默认状态下【交互式填充】工具的属性栏

- 【填充类型】 无填充 ▼ ：在此下拉列表中包括前面学过的所有填充效果，如"线性"、"射线"、"圆锥"、"方角"、"双色图样"、"全色图样"、"位图图样"、"底纹填充"和"Postscript填充"等。

> **零点提示** 在【填充类型】下拉列表中，选择除【无填充】以外的其他选项时，属性栏中的其他参数才可用。

- 【编辑填充】按钮 ✎ ：单击此按钮，将弹出相应的填充对话框，通过设置对话框中的各选项，可以进一步编辑交互式填充的效果。
- 【复制填充属性】按钮 ⬚ ：单击此按钮，可以给一个图形复制另一个图形的填充属性。

六、网状填充

选择【网状填充】工具 ⊞ ，通过设置不同的网格数量可以给图形填充不同颜色的混合效果。【网状填充】工具的属性栏如图4-18所示。

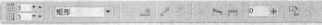

图4-18　【网状填充】工具的属性栏

- 【网格大小】 ⊞ ：可分别设置水平和垂直网格的数目，从而决定图形中网格的多少。
- 【清除网状】按钮 ⊘ ：单击此按钮，可以将图形中的网状填充颜色删除。

4.1.2　范例解析——绘制圣诞贺卡

下面灵活运用各种填充工具来绘制如图4-19所示的圣诞贺卡。

图4-19　绘制的圣诞贺卡

在绘制圣诞贺卡时，首先利用各种基本绘图工具并结合【渐变填充】工具 ■ 绘制出雪人图形，然后利用【网状填充】工具 ⊞ 绘制背景，再组合出圣诞贺卡即可，具体操作方法如下。

1. 按 Ctrl+N 键新建一个图形文件。
2. 选择○工具，按住 Ctrl 键绘制一个圆形，作为雪人的身体图形，然后选择▇工具，弹出【渐变填充】对话框，设置各选项及参数如图 4-20 所示，未标颜色的两个色标为白色。
3. 单击 确定 按钮，为圆形填充渐变色，然后去除外轮廓，效果如图 4-21 所示。

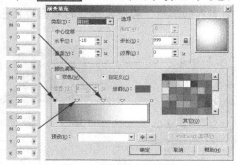

图4-20 【渐变填充】对话框   图4-21 填充渐变色后的图形效果

4. 将圆形在垂直方向上向上移动复制，并将复制出的图形调整至如图 4-22 所示的大小及位置，作为雪人的头部。
5. 利用﹨和﹨工具绘制出如图 4-23 所示的图形作为帽子，然后选择▇工具，在弹出的【渐变填充】对话框中设置各选项及参数如图 4-24 所示。

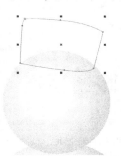

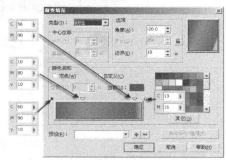

图4-22 复制的图形   图4-23 绘制的图形   图4-24 设置的渐变颜色及选项参数

6. 单击 确定 按钮，为图形填充渐变色，然后去除外轮廓，效果如图 4-25 所示。

> **要点提示** 在下面的操作过程中，如再遇到去除图形外轮廓的操作，将不再叙述，读者可看图示中的效果。如果图形不需要带轮廓，为图形填色后自行将轮廓去除即可。

7. 继续利用﹨、﹨和▇工具绘制帽沿图形并填充渐变色，然后去除外轮廓，绘制的图形及填充的渐变颜色如图 4-26 所示。

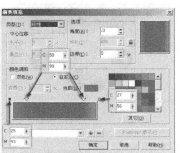

图4-25 填充后的效果   图4-26 绘制的图形及渐变颜色参数

8. 执行【排列】/【顺序】/【向后一层】命令，将帽沿图形调整至帽子图形的下方，然后利用 和 工具根据作为雪人头的圆形绘制出如图 4-27 所示的灰色（K:40）图形。

9. 执行【排列】/【顺序】/【置于此对象后】命令，将鼠标指针移动到帽沿图形上单击，将绘制的灰色图形调整至帽沿图形的下方作为帽子的阴影，如图 4-28 所示。

10. 利用 工具依次绘制出如图 4-29 所示的圆形，作为雪人的眼睛，其中大圆形的颜色为黑色，小圆形的颜色为白色。

图4-27 绘制的灰色图形

图4-28 制作的阴影效果

图4-29 绘制的眼睛图形

11. 继续利用 和 工具绘制图形，为其填充渐变色后作为雪人的鼻子，绘制的图形及设置的渐变颜色如图 4-30 所示。

图4-30 绘制的图形及填充的渐变颜色

12. 按键盘数字区中的 + 键，将作为鼻子的图形在原位置复制，然后复制图形的填充色修改为灰色（K:20）。

13. 执行【排列】/【顺序】/【向后一层】命令，将复制的图形调整至原图形的下方，并稍微缩小及向下移动位置，制作出如图 4-31 所示的阴影效果。

14. 利用 工具绘制线形作为嘴图形，然后选择【轮廓笔】工具 ，在弹出的【轮廓笔】对话框中设置选项如图 4-32 所示，并单击 确定 按钮。

图4-31 制作的阴影

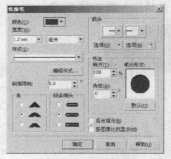
图4-32 轮廓选项设置

15. 执行【排列】/【将轮廓转换为对象】命令，将轮廓转换为图形，然后为其自下向上填充由黑色到灰色（K:40）的线性渐变色，如图 4-33 所示。

16. 利用 工具绘制出如图 4-34 所示的洋红色（M:80,Y:10）圆形，然后选择【交互式调和】工具 ，在弹出的隐藏工具组中选择【交互式透明】工具 。

17. 在属性栏中的 无 下拉列表中选择"射线"，为圆形添加交互式透明效果，如图 4-35 所示。

图4-33 绘制的嘴图形

图4-34 绘制的圆形

图4-35 添加的交互式透明效果

18. 单击属性栏中的 按钮，弹出【渐变透明度】对话框，然后将【从】的颜色修改为"黑色"，【到】的颜色修改为 50%黑色，再将【边界】的参数设置为"25%"。

19. 单击 确定 按钮，设置透明度参数后的交互式透明效果如图 4-36 所示。

20. 用移动复制图形操作，将添加交互式透明效果后的图形向左移动复制，并将复制出的图形调整至左侧眼睛的左下方位置，制作出雪人的腮红效果。

    接下来绘制围巾图形。

21. 利用 和 工具绘制出如图 4-37 所示的图形作为围巾，然后选择 工具，在弹出的【渐变填充】对话框中设置渐变颜色如图 4-38 所示。

图4-36 添加交互式透明后的效果

图4-37 绘制的图形

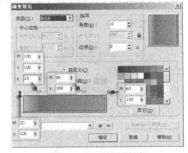
图4-38 设置的渐变颜色

22. 单击 确定 按钮，为图形填充渐变色，然后去除外轮廓。

23. 选择 工具，在图形上显示的渐变色调节杆如图 4-39 所示，然后将鼠标指针移动到左侧的控制点上按下鼠标左键并向右下方移动，调整渐变色的旋转角度，用相同的方法调整右侧控制点的位置，将渐变调节杆调整至如图 4-40 所示的形态，以修改图形的渐变色。

图4-39 显示的渐变色调节杆

图4-40 调整渐变色填充角度后的效果

24. 利用 🔧 和 🔧 工具依次绘制出如图 4-41 所示的围巾阴影及皱折效果，注意阴影图形的排列顺序调整。

25. 用与步骤 21～24 相同的方法，制作出另一侧的围巾图形，如图 4-42 所示。各图形的颜色可参见附盘中的作品效果。

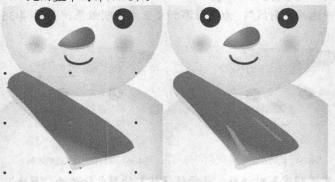

图4-41 绘制的围巾阴影及皱折图形　　　　　　　　　　　　　图4-42 绘制的另一侧围巾效果

26. 将作为身子的圆形选择并在原位置复制，然后将其等比例缩小作为纽扣图形，再利用移动复制操作将其复制，各图形的位置如图 4-43 所示。

27. 利用 🔧 工具和 🔧 工具依次绘制褐色（C:30,M:60,Y:70）的图形作为雪人的手和胳膊，如图 4-44 所示。

28. 利用 ⬭ 工具在图形的下方绘制椭圆形，然后为其填充【从】颜色为蓝灰色（C:8,K:8），【到】颜色为海洋绿色（C:20,K:40）的射线渐变色。

29. 执行【排列】/【顺序】/【到图层后面】命令，将椭圆形调整至所有图形的后面，制作出雪人的阴影效果，如图 4-45 所示。

图4-43 制作的纽扣图形　　　　　　　图4-44 绘制的手和胳膊图形　　　　　　　图4-45 制作的阴影图形

30. 至此，雪人绘制完成，按 Ctrl+S 键将此文件命名为"雪人.cdr"保存。
下面来合成圣诞贺卡。

31. 新建一个【纸张宽度和高度】选项为 480.0 mm 400.0 mm 的图形文件，然后双击 ⬜ 工具，添加一个与页面相同大小的矩形，并为其填充蓝色（C:100,M;100），再将外轮廓线去除。

32. 选择 ⊞ 工具，将属性栏中 6 5 的参数分别设置为"6"和"5"，然后按 Enter 键，此时在矩形中将出现虚线网格。

33. 在网格中选择如图 4-46 所示的节点，然后在【调色板】中的"白"色块上单击，为选择的节点填充颜色，效果如图 4-47 所示。

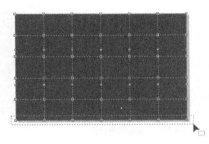

图4-46　选择的节点

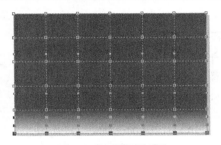

图4-47　填充颜色后的效果

34. 在网格中选择如图 4-48 所示的节点，然后在【调色板】中的 "青" 色块上单击，为选择的节点填充颜色，效果如图 4-49 所示。

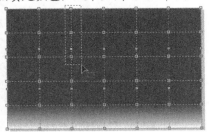

图4-48　选择的节点

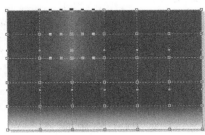

图4-49　填充颜色后的效果

35. 将鼠标指针移动到节点上拖曳，通过调整节点的位置来改变图形的填充效果，调整后的填充效果如图 4-50 所示。

36. 用上面为控制点修改颜色及位置相同的方法，依次选择节点修改颜色并调整节点的位置，改变图形的填充效果，调整后的填充效果如图 4-51 所示。

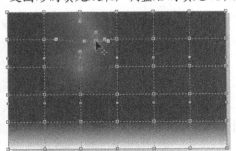

图4-50　调整节点位置后的填充效果

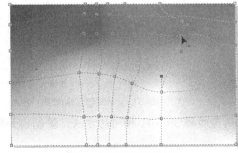

图4-51　调整后的填充效果

37. 利用 和 工具在画面的左下角位置绘制出如图 4-52 所示的图形，然后为其填充渐变色，其参数设置如图 4-53 所示。

38. 利用 工具对填充的渐变色进行调整，效果如图 4-54 所示。

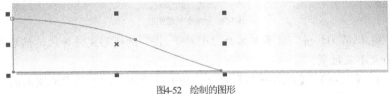

图4-52　绘制的图形

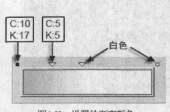
图4-53 设置的渐变颜色

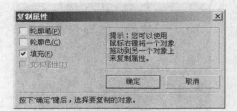
图4-54 调整后的渐变色

39. 继续利用 和 工具在画面的右下角位置绘制出如图 4-55 所示的图形，然后执行【编辑】/【复制属性自】命令，在弹出的【复制属性】对话框中勾选如图 4-56 所示的【填充】复选项。

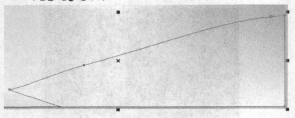
图4-55 绘制的图形

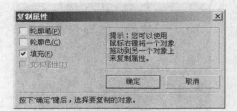
图4-56 【复制属性】对话框

40. 单击 确定 按钮，然后将鼠标指针移动到左下角的图形上单击，将该图形的渐变色复制到绘制的图形中，如图 4-57 所示。

41. 将图形的外轮廓去除，然后利用 工具对渐变色进行调整，效果如图 4-58 所示。

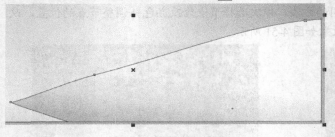
图4-57 复制填充色后的效果

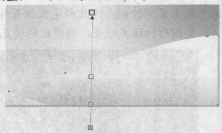
图4-58 调整后的填充色

42. 用与步骤 39～41 相同的方法，绘制出如图 4-59 所示的雪地图形。

图4-59 绘制的雪地图形

43. 将附盘中"图库\第 04 讲"目录下名为"小房子.cdr"的图形文件导入，然后将其调整至如图 4-60 所示的大小及位置。

44. 执行【排列】/【顺序】/【向后一层】命令，将小房子图形调整至雪地图形的后面，然后将上面绘制的雪人图形置入，大小及位置如图 4-61 所示。

图4-60 置入的小房子图形

图4-61 置入的雪人图形

45. 利用 ✎ 和 ✎ 工具绘制出如图 4-62 所示的树图形，然后将其依次缩小复制，并分别调整位置，效果如图 4-63 所示。

图4-62 绘制的树图形

图4-63 复制出的树图形

46. 用与第 3.3.2 小节添加雪花图形相同的方法，为当前画面添加如图 4-64 所示的雪花，然后利用 字 工具输入如图 4-65 所示的白色文字，即可完成圣诞贺卡的绘制。

图4-64 添加的雪花图形

图4-65 输入的文字

47. 按 Ctrl+S 组合键，将此文件命名为"圣诞贺卡.cdr"保存。

4.1.3　课堂实训——绘制装饰画

下面灵活运用【图样填充】工具 ■ 来绘制如图 4-66 所示的装饰画。

要点提示 在设置每一个图样的参数时，读者要根据选择的图样来具体对待。总之，能使需要的图样位于图形中即可。填充图样操作需要多次实验才能得到最终需要的效果。

【步骤提示】

1. 新建一个文件，然后利用 □ 工具绘制一个【对象大小】为 ↔ 200.0 mm ↕ 200.0 mm 的正方形。

2. 选择 ■ 工具，在弹出的【图样填充】对话框中点选【全色】单选项，然后单击右边的图案按钮，在弹出的【图案样式】选项面板中选择如图 4-67 所示的图案。

3. 设置【图样填充】对话框中的其他选项和参数如图 4-68 所示，然后单击 确定 按钮。

图4-66 绘制的装饰画

图4-67 选择的图案

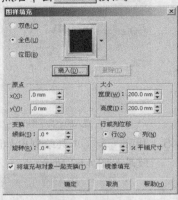
图4-68 设置的参数

4. 将正方形以中心等比例缩小复制，然后利用 工具将两个正方形同时选择，并单击属性栏中的 按钮，将选择的图形结合为一个整体，结合后的图形效果如图 4-69 所示。

5. 选择 工具，按住 Shift+Ctrl 键，将鼠标指针移动到结合图形的中心位置，当出现中心提示时，按下鼠标左键并拖曳，在结合图形内绘制出如图 4-70 所示的正方形。

6. 为绘制的正方形填充如图 4-71 所示的图案，然后设置外轮廓，颜色为靛蓝（C:60,M:60）、轮廓宽度为 3.0 mm。

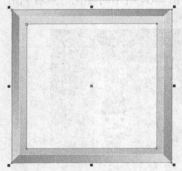
图4-69 结合后的效果

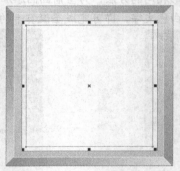
图4-70 绘制的正方形

图4-71 填充的图案

7. 利用 工具绘制圆形，以中心缩小复制后，将两个圆形结合，效果如图 4-72 所示，然后为其填充如图 4-73 所示的图案。

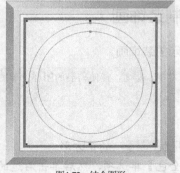
图4-72 结合图形

图4-73 填充的图案

8. 利用 和 工具绘制出如图 4-74 所示的图形，然后为其填充如图 4-75 所示的木纹图案。

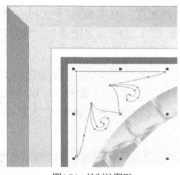

图4-74 绘制的图形

图4-75 填充的图案

9. 将填充木纹后的图形依次镜像复制，并将复制出的图形分别调整至图形的 4 个角位置，然后绘制出如图 4-76 所示的圆形。

10. 为绘制的圆形填充位图图案，选用的位图为附盘中"图库\第 04 讲"目录下名为"油画.jpg"的文件，其他参数设置如图 4-77 所示。

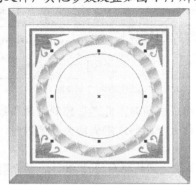

图4-76 绘制的圆形

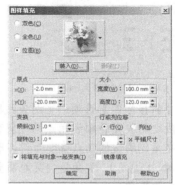

图4-77 设置的参数

11. 去除图形的外轮廓，即可完成装饰画的绘制。

4.2 轮廓工具

利用【轮廓】工具可以为图形设置外轮廓颜色、宽度、边角形状、轮廓的线条样式等。其工具组中的工具包括【轮廓笔】工具、【轮廓颜色】工具、【无轮廓】工具、【颜色】泊坞窗和一些特定的轮廓宽度工具。

4.2.1 功能讲解

在第 2.3.1 小节中我们已经对【轮廓颜色】工具、【无轮廓】工具和【颜色】泊坞窗进行了讲解，下面主要对【轮廓笔】工具和各轮廓宽度工具进行介绍。

选中要设置轮廓的线形或其他图形，然后选择工具，在弹出的隐藏工具组中选择工具（快捷键为 F12 键），将弹出如图 4-78 所示的【轮廓笔】对话框。

- 【颜色】按钮：单击此按钮，可在弹出的【颜色】选择面板中选择需要的轮廓颜色。单击【颜色】选择面板中的 其它(O)... 按钮，还可以在弹出的【选择颜色】对话框中自行设置轮廓的颜色。

- 【宽度】选项：在下方的下拉列表中可以设置轮廓的宽度。在右侧的下拉列表中还可以选择使用轮廓宽度的单位，包括"英寸"、"毫米"、"点"、"像素"、"英尺"、"码"、"千米"等。

- 【样式】选项：在此下拉列表中可以选择轮廓线的样式。单击下方的 编辑样式... 按钮，将弹出如图 4-79 所示的【编辑线条样式】对话框，在此对话框中，可以将鼠标指针移动到调节线条样式的滑块上按下鼠标左键拖曳；在滑块左侧的小方格中单击，可以将线条样式中的点打开或关闭。

要点提示 在编辑线条样式时，线条的第一个小方格只能是黑色，最后一个小方格只能是白色，调节编辑后的样式可以在【编辑线条样式】对话框中的样式预览图中观察到。

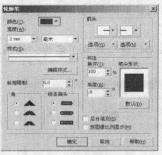

图4-78 【轮廓笔】对话框

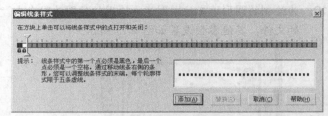

图4-79 【编辑线条样式】对话框

- 【斜接限制】选项：当两条线段通过节点的转折组成夹角时，此选项控制着两条线段之间夹角轮廓线角点的倾斜程度。当设置的参数大于两条线组成的夹角度数时，夹角轮廓线的角点将变为斜切形态。

- （尖角）：尖角是尖突而明显的角，如果两条线段之间的夹角超过 90°，边角则变为平角。

- （圆角）：圆角是平滑曲线角，圆角的半径取决于该角线条的宽度和角度。

- （平角）：平角在两条线段的连接处以一定的角度把夹角切掉，平角的角度等于边角角度的 50%。

图 4-80 所示为分别选择这 3 种转角样式时的转角图像。

尖角　　　　　　圆角　　　　　　平角

图4-80 分别选择不同转角样式时的转角形态

- （平形）：线条端头与线段末端平行，这种类型的线条端头可以产生出简洁、精确的线条。

- （圆形）：线条端头在线段末端有一个半圆形的顶点，线条端头的直径等于线条的宽度。

- （伸展形）：可以使线条延伸到线段末端节点以外，伸展量等于线条宽度的 50%。

图 4-81 所示为分别选择这 3 种【线条端头】选项时的线形效果。

图4-81　分别选择不同转角样式时的转角效果

- 【箭头】栏：此栏可以为开放的直线或曲线对象设置起始箭头和结束箭头样式，对于封闭的图形将不起作用。单击【箭头】栏中的 选项(O) ▼ 按钮，将弹出如图 4-82 所示的下拉列表，用于对箭头进行设置。

- 【书法】栏：该栏用于设置笔头的形状。【展开】选项是用来设置笔头的宽度，当笔头为方形时，减小此数值将使笔头变成长方形；当笔头为圆形时，减小此数值可以使笔头变成椭圆形。利用【角度】选项可以设置笔头的倾斜角度。在【笔尖形状】预览窗口中可以观察设置不同参数时笔尖形状的变化。单击 默认(D) 按钮，可以将轮廓笔头的设置还原为默认值。图 4-83 所示为设置【展开】和【角度】选项前后的图形轮廓对比效果。

可以取消箭头设置 ——→ 无(N)
可以交换起始箭头 ——→ 对换(S)
和结束箭头的样式
可以创建新的箭头样式 ——→ 新建(N)...
可以编辑当前的箭头样式 ——→ 编辑(E)...
可以删除当前的箭头样式 ——→ 删除(D)

图4-82　箭头选项下拉列表

图4-83　图形轮廓对比效果

- 【后台填充】选项：勾选此复选项，可以将图形的外轮廓放在图形填充颜色的后面。默认情况下，图形的外轮廓位于填充颜色的前面，这样可以使整个外轮廓处于可见状态，当勾选此复选项后，该外轮廓的宽度将只有 50%是可见的。图 4-84 所示为勾选与不勾选该复选项时图形轮廓的显示效果。

- 【按图像比例显示】选项：默认情况下，在缩放图形时，图形的外轮廓不与图形一起缩放。当勾选【按图像比例显示】复选项后，在缩放图形时图形的外轮廓将随图形一起缩放。图 4-85 所示为勾选与不勾选【按图像比例显示】复选项时图形轮廓的显示效果。

图4-84　勾选与不勾选时的效果对比

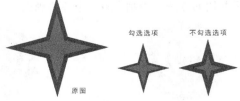

图4-85　勾选与不勾选时的效果对比

　　除了在【轮廓笔】对话框中设置图形的外轮廓粗细外，还可以通过选择系统自带的常用轮廓笔工具来设置图形外轮廓的粗细。常用轮廓笔工具主要包括【细线】▧、【1/2 点】▭、【1 点】▭、【2 点】▭、【8 点】▬、【16 点】▬和【24 点】▬，各轮廓笔的宽度效果对比如图 4-86 所示。

细线轮廓
1/2 点轮廓
1点轮廓
2点轮廓
8点轮廓
16点轮廓
24点轮廓

图4-86　各轮廓宽度对比

4.2.2　范例解析——棒棒糖效果

利用【螺纹】工具 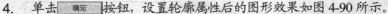，并结合【轮廓笔】工具 制作出如图4-87所示的棒棒糖效果。

在绘制棒棒糖效果中，主要利用设置【轮廓笔】对话框中的各项参数来完成，具体操作方法如下。

1. 新建一个图形文件，利用 工具绘制一个洋红色（M:100,Y:10）的无外轮廓圆形。

2. 选择 工具，将属性栏中 3 的参数设置为"3"，并激活属性栏中的 按钮，然后按住 Ctrl 键，在洋红色圆形上绘制出如图4-88所示的螺纹图形。

3. 选择 工具，弹出【轮廓笔】对话框，将轮廓【颜色】设置为黄色，然后设置其他参数及选项如图4-89所示。

图4-87　制作的棒棒糖效果

4. 单击 确定 按钮，设置轮廓属性后的图形效果如图4-90所示。

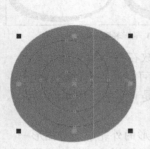
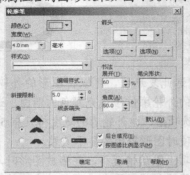

图4-88　绘制的螺纹图形　　　　图4-89　【轮廓笔】对话框　　　　图4-90　设置轮廓属性后的图形效果

5. 选择 工具，绘制出如图4-91所示的橘红色（M:70,Y:95）无外轮廓的倾斜矩形。

6. 单击属性栏中的 按钮，将倾斜的矩形调整至所有图形的后面，效果如图4-92所示。

7. 用相同的方法，绘制出另一个棒棒糖图形，如图4-93所示。

图4-91　绘制出的倾斜矩形　　　　图4-92　调整图形顺序后的效果　　　　图4-93　绘制出的棒棒糖图形

8. 按 Ctrl+I 键，将附盘中"图库\第04讲"目录下名为"飘带.cdr"的图形文件导入，然后将其调整至合适的大小后放置到两个棒棒糖的交点位置。

9. 至此，棒棒糖绘制完成，按 Ctrl+S 键，将此文件命名为"棒棒糖.cdr"保存。

4.2.3　课堂实训——信纸设计

灵活运用【PostScript 填充】工具 [PS] 和【轮廓笔】工具 [△] 制作如图 4-94 所示的信纸效果。

【步骤提示】

1. 新建一个图形文件，然后创建与页面相同大小的矩形，并为其填充如图 4-95 所示的纹理。

图4-94　制作的信纸效果

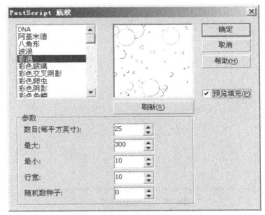

图4-95　【PostScript 底纹】对话框

2. 将矩形在原位置复制，并将复制出的图形的填充色修改为白色，然后选择 [☲] 工具，并将属性栏中 [标准▾] 选项设置为"标准"，为复制出的矩形添加交互式标准透明效果。

要点提示　由于为图形填充彩泡底纹后，效果非常明显，作为纸的底纹有点乱，因此在其上方覆盖一层白色，然后降低透明度，使其显示下方的效果，底纹就比较柔和了。

3. 利用 [⚘] 工具绘制线形，然后设置轮廓属性如图 4-96 所示，生成的线形效果如图 4-97 所示。

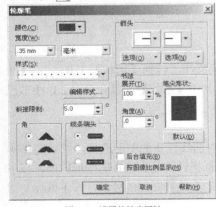

图4-96　设置的轮廓属性

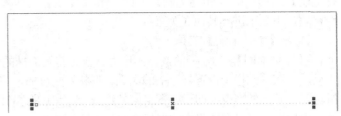

图4-97　生成的线形

4. 将线形垂直向下移动复制，然后依次按 [Ctrl]+[R] 键重复复制线形，效果如图 4-98 所示。

5. 将附盘中"图库\第 04 讲"目录下名为"素材.jpg"和"雪人.psd"的文件依次导入，并分别调整大小后放置到画面的左上角和右下角位置，再利用 [字] 工具依次输入如图 4-99 所示的文字，即可完成信纸的制作。

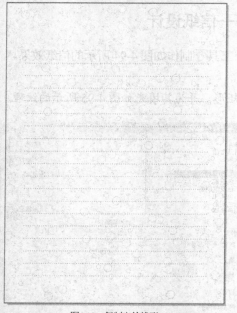

图4-98　复制出的线形　　　　　　　　　　　　　图4-99　制作完成的信纸效果

4.3　编辑工具

利用编辑工具可以对图形的形状进行裁剪、擦除、涂抹和变换，在图纸绘制中还可以测量尺寸及添加标注等。

4.3.1　功能讲解

本小节分别来介绍各编辑工具的使用方法及属性设置。

一、形状编辑工具组

形状编辑工具组中的工具主要用于对图形进行变形及变换操作，包括【形状】工具、【涂抹笔刷】工具、【粗糙笔刷】工具和【变换】工具。其中【形状】工具在第 3.2.1 小节已经讲解，下面来讲解其他 3 个工具。

(1)　【涂抹笔刷】工具。

【涂抹笔刷】工具的具体操作为：首先将要涂抹的带有曲线性质的图形选择，然后选择工具，并在属性栏中设置好笔头的大小、形状及角度后，将鼠标指针移动到选择的图形内部，按下鼠标左键并向外拖曳，即可将图形向外涂抹。如将鼠标指针移动到选择图形的外部，按下鼠标左键并向内拖曳，可以在图形中将鼠标拖曳过的区域擦除。

【涂抹笔刷】工具的属性栏如图 4-100 所示。

图4-100　【涂抹笔刷】工具的属性栏

- 【笔尖大小】选项：用于设置涂抹笔刷的笔头大小。
- 【在效果中添加水分浓度】选项：参数为正值时，可以使涂抹出的线条产生逐渐变细的效果；参数为负值时，可以使涂抹出的线条产生逐渐变粗的效果。

- 【为斜移设置输入固定值】选项 90.0° ：用于设置涂抹笔刷的形状，参数设置范围为"15～90"。数值越大，涂抹笔刷越接近圆形。
- 【为关系设置输入固定值】选项 .0° ：用于设置涂抹笔刷的角度，参数设置范围为"0～359"。只有将涂抹笔刷设置为非圆形的形状时，设置笔刷的角度才能看出效果。

要点提示 当计算机连接图形笔时，【涂抹笔刷】工具属性栏中的【使用笔压设置】按钮才会变为可用，激活此按钮，可以设置使用图形笔涂抹图形时带有压力。

(2) 【粗糙笔刷】工具。

【粗糙笔刷】工具 的具体操作为：首先选择要进行编辑的曲线对象，然后选择 工具，并在属性栏中设置好笔头的大小、形状及角度后，将鼠标指针移动到选择的图形边缘，按下鼠标左键并沿图形边缘拖曳，即可使图形的边缘产生凹凸不平类似锯齿的效果。

【粗糙笔刷】工具的属性栏如图4-101所示。

图4-101 【粗糙笔刷】工具的属性栏

- 【笔尖大小】选项 50.0mm ：用于设置粗糙笔刷的笔头大小。
- 【输入尖突频率的值】选项 3 ：用于设置在应用粗糙笔刷工具时图形边缘生成锯齿的数量。数值越小，生成的锯齿越少。参数设置范围为"1～10"。
- 【在效果中添加水分浓度】选项 1 ：用于设置拖动鼠标时图形增加粗糙尖突的数量，参数设置范围为"–10～10"，数值越大，增加的尖突数量越多。
- 【为斜移设置输入固定值】选项 45.0° ：用于设置产生锯齿的高度，参数设置范围为"0～90"，数值越小，生成锯齿的高度越高。图4-102所示为设置不同数值时图形边缘生成的锯齿状态。

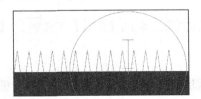 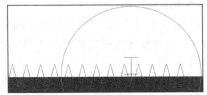

图4-102 设置不同数值时生成锯齿状态

- 【尖突方向】选项 自动 ：可以设置生成锯齿的倾斜方向，包括【自动】和【固定方向】两个选项。当选择【自动】选项时，锯齿的方向将随机变换。当选择【固定方向】选项时，可以根据需要在右侧的【为关系输入固定值】选项 .0 中设置相应的数值，来设置锯齿的倾斜方向。

(3) 【变换】工具。

【变换】工具 的具体操作为：首先选择想要进行变换的对象，然后选择 工具，并在属性栏中设置好对象的变换方式，即激活相应的按钮。再将鼠标指针移动到绘图窗口中的适当位置，按下鼠标左键并拖曳（此时该点将作为对象变换的锚点），即可对选择的对象进行指定的变换操作。

【变换】工具的属性栏如图4-103所示。

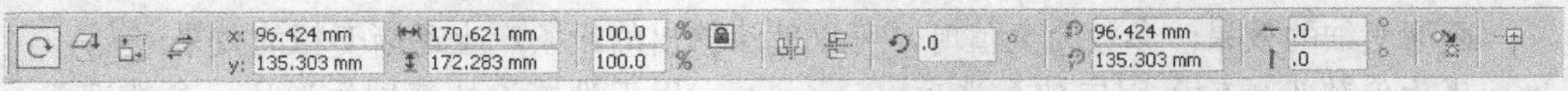

图4-103 【自由变换】工具的属性栏

- 【自由旋转工具】按钮 ⟳：激活此按钮，在绘图窗口中的任意位置按下鼠标左键并拖曳，可将选择的图形以鼠标按下点为中心进行旋转。如按住 Ctrl 键拖曳，可将图形按 15° 角的倍数进行旋转。

- 【自由角度镜像工具】按钮：激活此按钮，将鼠标指针移动到绘图窗口中的任意位置按下鼠标左键并拖曳，可将选择的图形以鼠标单击的位置为锚点，鼠标移动的方向为镜像对称轴来对图形进行镜像。

- 【自由调节工具】按钮：激活此按钮，将鼠标指针移动到绘图窗口中的任意位置，按下鼠标左键并拖曳，可将选择的图形进行水平和垂直缩放。如按住 Ctrl 键向上拖曳鼠标，可等比例放大图形；按住 Ctrl 键向下拖曳鼠标，可等比例缩小图形。

- 【自由扭曲工具】按钮：激活此按钮，将鼠标指针移动到绘图窗口中的任意位置按下鼠标左键并拖曳，可将选择的图形进行扭曲变形。

- 【对象位置】选项：用于设置当前选择对象的中心位置。

- 【旋转中心的位置】选项：用于设置当前选择对象的旋转中心位置。

- 【倾斜角度】选项：用于设置当前选择对象在水平和垂直方向上的倾斜角度。

- 【应用到再制】按钮：激活此按钮，使用【自由变换】工具对选择的图形进行变形操作时，系统将首先复制该图形，然后再进行变换操作。

- 【相对于对象】按钮：激活此按钮，属性栏中的【X】和【Y】选项的数值将都变为"0"。在【X】和【Y】选项的文本框中输入数值，如都输入"15"，然后按 Enter 键，此时当前选择的对象将相对于当前的位置分别在 x 轴和 y 轴上移动 15 个单位。

二、裁剪工具组

裁剪工具组中的工具主要用于对图形进行裁剪或擦除，包括【裁剪】工具、【刻刀】工具、【橡皮擦】工具和【虚拟段删除】工具。

(1) 【裁剪】工具。

选择工具后，在绘图窗口中根据要保留的区域拖曳鼠标指针，绘制一个裁剪框，确认裁剪框的大小及位置后在裁剪框内双击，即可完成图像的裁剪，此时裁剪框以外的图像将被删除。

- 将鼠标指针放置在裁剪框各边中间的控制点或角控制点处，当鼠标指针显示为╋形状时，按下鼠标左键并拖曳，可调整裁剪框的大小。

- 将鼠标指针放置在裁剪框内，按下鼠标左键并拖曳，可调整裁剪框的位置。

- 在裁剪框内单击，裁剪框的边角将显示旋转符号，将鼠标指针移动到各边角位置，当鼠标指针显示为旋转符号 ↻ 时，按下鼠标左键并拖曳，可旋转裁剪框。

(2) 【刻刀】工具。

选择工具，然后移动鼠标指针到要分割图形的外轮廓上，当鼠标指针显示为形状时，单击鼠标左键确定第一个分割点，移动鼠标指针到要分割的另一端的图形外轮廓上，再次单击鼠标左键确定第二个分割点，释放鼠标左键后，即可将图形分割。

要点提示 使用【刻刀】工具分割图形时，只有当鼠标指针显示为 形状时单击图形的外轮廓，然后移动鼠标指针至图形另一端的外轮廓处单击才能分割图形，如在图形内部确定分割的第二点，不能将图形分割。

(3) 【橡皮擦】工具。

【橡皮擦】工具可以很容易地擦除所选图形的指定位置。选择要进行擦除的图形，然后选择 工具（快捷键为 X），设置好笔头的宽度及形状后，将鼠标指针移动到选择的图形上，按下鼠标左键并拖曳，即可对图形进行擦除。另外，将鼠标指针移动到选择的图形上单击，然后移动鼠标指针到合适的位置再次单击，可对图形进行直线擦除。

(4) 【虚拟段删除】工具。

【虚拟段删除】工具的功能是将图形中多余的线条删除。确认绘图窗口中有多个相交的图形，选择 工具，然后将鼠标指针移动到想要删除的线段上，当鼠标指针显示为 图标时单击，即可删除选定的线段；当需要同时删除某一区域内的多个线段时，可以将鼠标指针移动到该区域内，按下鼠标左键并拖曳，将需要删除的线段框选，释放鼠标左键后即可将框选的多个线段删除。

三、【度量】工具

利用【度量】工具 对图形进行标注操作，主要分为一般标注、标注线标注和角度标注。下面来分别讲解它们的使用方法。

(1) 一般标注。

一般标注包括【自动度量工具】、【垂直度量工具】、【水平度量工具】和【倾斜度量工具】4种，其标注方法相同。首先选择 工具，然后在属性栏中单击 按钮、 按钮、 按钮或 按钮，再将鼠标指针移动到要标注的图形上单击，确定标注的起点。移动鼠标指针至合适的位置，再次单击确定标注的终点。移动鼠标指针确定标注文本的位置，释放鼠标左键后，即完成一般标注。

(2) 标记线标注。

标记线标注包括一段标记线标注和两段标记线标注。选择 工具，然后在属性栏中单击 按钮，将鼠标移指针到要标注的图形中单击，确定标记线引出的位置，即标注的起点。移动鼠标指针至合适位置单击，确定第一段标记线的结束位置，即标注的转折点。再次移动鼠标指针至合适位置单击，确定第二段标记线的结束位置，即标注的终点。此时，将出现插入光标闪烁符，输入说明文字，即可完成两段标记线标注。

要点提示 如果要制作一段标记线标注，可在确定第一段标记线的结束位置时双击，然后输入说明文字即可。两段标记线和一段标记线的标注如图 4-104 所示。

(3) 角度标注。

选择 工具，然后在属性栏中单击 按钮，将鼠标指针移动到要标注的图形中，依次单击要标注角的顶点、一条边上的标记点、另一条边上的标记点，最后移动鼠标指针确定角度标注文本的位置，确定后单击即可完成角度标注，如图 4-105 所示。

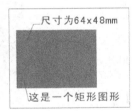

图4-104 标记线标注的效果

图4-105 角度标注

【度量】工具的属性栏如图 4-106 所示。

十进制
0.00
mm
前缀：
后缀：

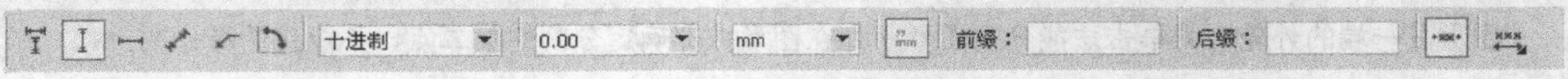

图4-106 【度量】工具的属性栏

- 【自动度量工具】按钮：激活此按钮，可以对图形进行垂直或水平标注。
- 【垂直度量工具】按钮：激活此按钮，只能对图形进行垂直标注。
- 【水平度量工具】按钮：激活此按钮，只能对图形进行水平标注。
- 【倾斜度量工具】按钮：激活此按钮，可以对图形进行垂直、水平或斜向标注。
- 【标注工具】按钮：激活此按钮，可以对图形上的某一点或某一个地方进行标注，但标注线上的文本需要自己去填写。
- 【角度量工具】按钮：激活此按钮，可以对图形进行角度标注。
- 【度量样式】选项 十进制：用于选择标注样式。
- 【度量精度】选项 0.00：用于设置在标注图形时数值的精确度，小数点后面的“0”越多，表示对图形标注的越精确。
- 【尺寸单位】选项 mm：用于设置标注图形时的尺寸单位。
- 【显示尺度单位】按钮：激活此按钮，在对图形进行标注时，将显示标注的尺寸单位，否则只显示标注的尺寸。
- 【尺寸的前缀】选项 前缀：和【尺寸的后缀】选项 后缀：：在这两个选项右侧的文本框中输入文字，可以为标注添加前缀和后缀，即除了标注尺寸外，还可以在标注尺寸的前面或后面添加其他的说明文字。
- 【动态度量】按钮：当对图形进行修改时，激活此按钮时添加的图形标注的尺寸也会随之变化；未激活此按钮时添加的图形标注尺寸不会随图形的调整而改变。
- 【文本位置下拉式对话框】按钮：单击此按钮，可以在弹出如图 4-107 所示的【标注样式】选项面板中设置标注时文本所在的位置。

123
可将标注文本置于标注线的上方
123
可将标注文本置于标注线的中间
123
可将标注文本置于标注线的下方
ABC
激活此按钮，不论标注线是垂直的还是倾斜的，都可以将标注的文本水平放置
ABC
激活此按钮，可以将标注文本相对于标注线居中放置

图4-107 【标注样式】选项面板

4.3.2 范例解析——绘制装饰图案

灵活运用【橡皮擦】工具对图形进行擦除，绘制出如图 4-108 所示的装饰图案。

在绘制装饰图案时，首先利用【橡皮擦】工具对不同颜色的图形进行擦除以制作出底图效果，然后利用和工具绘制花边图形，再利用工具对图形进行擦除，旋转复制后制作出花朵图形，最后再复制出两个花朵图形即可，具体操作方法介绍如下。

图4-108 绘制的装饰图案

1. 新建一个图形文件。
2. 利用和工具绘制出如图 4-109 所示的橘红色（M:75,Y:100）图形。
3. 选择工具，在属性栏中设置合适大小的【橡皮擦厚度】值后，将鼠标指针移动到如图 4-110 所示的位置单击，然后移动鼠

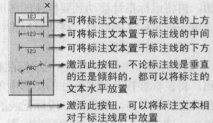

标指针至如图 4-111 所示的位置单击，即可将图形进行擦除，效果如图 4-112 所示。

4. 用与步骤 3 相同的方法依次对图形进行擦除，最终效果如图 4-113 所示。

5. 利用  工具绘制出如图 4-114 所示的橘红色（M:75,Y:100）圆形。

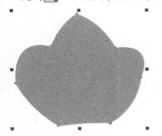

图4-109　绘制的图形

图4-110　鼠标指针放置的位置

图4-111　鼠标指针移动的位置

图4-112　擦除后的效果

图4-113　多次擦除后的效果

图4-114　绘制的圆形

6. 单击属性栏中的 按钮，将几何图形转换为曲线图形，然后利用 工具对圆形进行擦除，注意设置不同的【橡皮擦厚度】值和笔头形状，将图形擦除至如图 4-115 所示的形态。

7. 选择上方的擦除图形，并在其上再次单击，然后将旋转中心向下调整至圆形的中心位置，如图 4-116 所示。

8. 执行【工具】/【选项】命令，在弹出的【选项】对话框中依次选择【工作区】/【编辑】选项，然后将右侧【限制角度】选项的参数设置为"72"度，单击 确定 按钮。

9. 将鼠标指针放置到旋转框右上角的控制点上按下鼠标左键并向下拖曳，当图形跳跃一次时在不释放鼠标左键的情况下单击鼠标右键，将图形以 72° 角旋转复制。

10. 依次按 Ctrl+R 键，重复复制图形，最终效果如图 4-117 所示，然后将花图形全部选择并群组。

图4-115　图形擦除后的形态

图4-116　旋转中心调整的位置

图4-117　旋转复制出的图形

11. 利用 工具绘制浅粉色（C:4,M:7,Y:5）的矩形，将其转换为曲线图形后，利用 工具对其进行擦除，最终效果如图 4-118 所示。

12. 用与步骤 11 相同的方法，依次绘制图形并进行擦除，最终效果如图 4-119 所示。

13. 利用 和 工具依次绘制出如图 4-120 所示的绿色（C:70,M:40,Y:100）花边图形。

图4-118 擦除后的效果　　　　　　图4-119 制作出的底图效果　　　　　　图4-120 绘制的花边图形

14. 将上方花边图形选择并复制，然后将复制出的图形颜色修改为褐色（C:60,M:80,Y:100,K:20），再调整至如图 4-121 所示的位置。

15. 利用 和 工具及移动复制再调整的方法，再绘制出如图 4-122 所示的褐色（C:60,M:80,Y:100,K:20）花边图形。
下面来合成装饰图案。

16. 将上面群组的花图形选择，执行【排列】/【顺序】/【到图层前面】命令，将其调整至所有图形的前面，然后将其调整至如图 4-123 所示的位置。

图4-121 复制出的花边图形　　　　图4-122 绘制的花边图形　　　　图4-123 花图形调整后的大小及位置

通过图 4-123 可以看出，花图形的空白区域露出了下方的花边图形，看起来有点杂乱，接下来在其下方绘制一个圆形，为其填充白色后来进行弥补。

17. 利用 工具绘制出如图 4-124 所示的圆形，然后为其填充白色并去除外轮廓。

18. 执行【排列】/【顺序】/【向后一层】命令，将白色图形调整至花图形的后面，效果如图 4-125 所示。

19. 将花图形与其下方的白色图形同时选择并群组，然后将其依次复制，并将复制的图形分别调整至如图 4-126 所示的位置。

图4-124 绘制的圆形

图4-125 调整顺序后的效果

图4-126 复制出的花形

20. 至此，装饰图案绘制完成，按 Ctrl+S 键将此文件命名为"装饰图案.cdr"保存。

4.3.3 课堂实训——制作透过窗户看风景效果

下面灵活运用【裁剪】工具 来制作透过窗户看风景效果，如图 4-127 所示。

【步骤提示】

1. 新建一个图形文件，然后将附盘中"图库\第 04 讲"目录下名为"荷花池.jpg"的文件导入。

2. 利用 工具绘制八边形，然后将属性栏中的 22.5° 和 3.0 mm 选项分别设置为"22.5mm"和"3.0mm"，再将八边形以中心等比例缩小复制，如图 4-128 所示。

3. 选择 工具，将属性栏中 2.0 mm 的参数设置为"2.0mm"，在弹出的【轮廓笔】对话框中单击 确定 按钮，将轮廓笔的默认宽度设置为"2.0mm"，然后依次绘制出如图 4-129 所示的四条线形。

图4-127 制作的效果

图4-128 缩小复制出的图形

图4-129 绘制的线形

4. 选择 工具，将鼠标指针移动到小八边形内拖曳，将其内部的线段删除，效果如图 4-130 所示。

5. 利用 工具将风景图片选择，然后选择 工具，根据八边形的大小绘制出如图 4-131 所示的裁剪框。

图4-130 删除线段后的效果

图4-131 绘制的裁剪框

6. 在裁剪框内双击鼠标左键，将选择的图片裁剪，裁剪后的图片形态如图 4-132 所示。

7. 用与步骤 5 相同的方法，再根据剩余图片的大小绘制一个裁剪框，然后将属性栏中 ↻ 45.0 ° 的参数设置为 "45"，在裁剪框内双击鼠标左键，将选择的图片裁剪，形态如图 4-133 所示。

8. 将裁剪后的图片选择，然后利用 工具，为其由上至下添加如图 4-134 所示的交互式透明效果，即可完成透过窗户看风景效果的制作。

图4-132 裁剪后的图片形态（1）

图4-133 裁剪后的图片形态（2）

图4-134 添加的交互式透明效果

4.4 综合案例——绘制一幅风景画

利用各种基本绘图工具，并结合【网状填充】工具以及【交互式填充】工具，绘制出如图 4-135 所示的风景画。

图4-135 绘制完成的荷花图案

【步骤提示】

1. 新建一个【纸张宽度和高度】选项为 230.0 mm / 180.0 mm 的图形文件，然后双击 工具，添加一个与当前页面相同大小的矩形，并为其填充浅蓝色（C:55,Y:10）。

2. 选择 工具，将属性栏中 的参数都设置为 "4"，在矩形上添加调整控制点，然后依次对控制点的颜色进行修改，修改颜色后的图形效果如图 4-136 所示。

3. 在需要调整的控制点上按下鼠标左键拖曳，依次调整控制点的位置，调整后的画面颜色混合效果如图 4-137 所示。

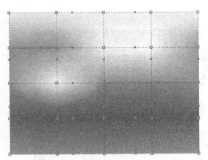

图4-136　修改颜色后的图形效果

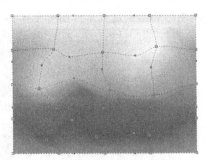

图4-137　调整后的画面效果

4. 荷花图形的绘制过程示意图如图 4-138 所示。

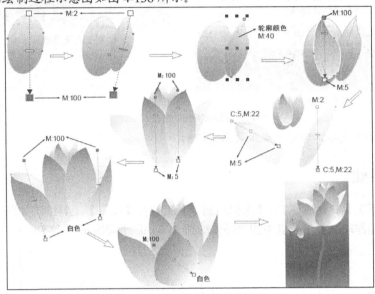

图4-138　绘制荷花图形的过程示意图

5. 荷叶图形的绘制过程示意图如图 4-139 所示。

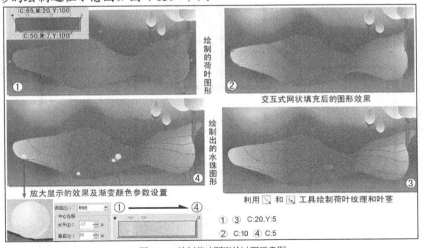

图4-139　绘制荷叶图形的过程示意图

6. 蜻蜓图形的绘制过程示意图如图 4-140 所示。

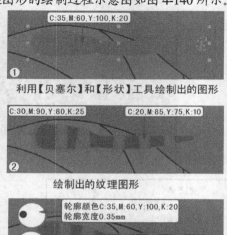

C:35, M:60, Y:100, K:20

① 利用【贝塞尔】和【形状】工具绘制出的图形

C:30, M:90, Y:80, K:25   C:20, M:85, Y:75, K:10

② 绘制出的纹理图形

轮廓颜色C:35, M:60, Y:100, K:20
轮廓宽度0.35mm

③ 绘制出的眼睛图形

轮廓宽度0.25mm, 填充颜色K:5, 然后为其添加不透明度为50%的交互式透明效果

④ 绘制出的翅膀图形

图4-140 绘制蜻蜓图形的过程示意图

7. 利用 字 工具输入文字，即可完成风景画的绘制。

4.5 课后作业

1. 灵活运用线形工具、轮廓工具、【虚拟段删除】工具及【度量】工具绘制如图 4-141 所示的家居平面图。操作动画参见光盘中的"操作动画\第 04 讲\平面图.avi"文件。

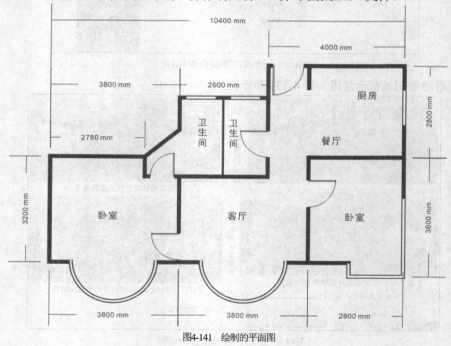

10400 mm
4000 mm
3800 mm   2600 mm
2780 mm
厨房
卫生间 卫生间
餐厅
2800 mm
3200 mm
卧室   客厅   卧室
3600 mm
3800 mm   3800 mm   2800 mm

图4-141 绘制的平面图

2. 利用各种填充工具将居室平面图制作成平面布置图效果，如图 4-142 所示。

图4-142　布置的居室平面图

第**5**讲

交互式工具

本讲主要介绍各种交互式工具的使用方法，包括【交互式调和】工具、【交互式轮廓图】工具、【交互式变形】工具、【交互式阴影】工具、【交互式封套】工具、【交互式立体化】工具和【交互式透明】工具，利用这些工具可以给图形进行调和、变形，或添加轮廓、立体化、阴影及透明等效果。本讲课时为 8 小时。

学习目标

◆ 掌握利用【交互式调和】工具调和图形的方法。

◆ 掌握利用【交互式轮廓图】工具为图形添加外轮廓的方法。

◆ 掌握利用【交互式变形】工具绘制各种花形的方法。

◆ 掌握为图形添加阴影及外发光效果的方法。

◆ 掌握利用【交互式封套】工具对图形进行变形的方法。

◆ 掌握制作立体效果字的方法。

◆ 掌握为图形制作透明效果的方法。

◆ 熟悉各种交互式效果工具的综合运用。

5.1 调和、轮廓图和阴影工具

本节来讲解【交互式调和】工具、【交互式轮廓图】工具及【交互式阴影】工具的使用。

5.1.1 功能讲解

一、【交互式调和】工具

利用【交互式调和】工具可以将一个图形经过形状、大小和颜色的渐变过渡到另一个图形上，且在这两个图形之间形成一系列的中间图形，这些中间图形显示了两个原始图形经过形状、大小和颜色的调和过程。

其使用方法非常简单：选择 ![icon]工具，将鼠标指针移动到图形上，当鼠标指针显示为 ![icon]形状时，按住鼠标左键向另一个图形上拖曳，当在两个图形之间出现一系列的虚线图形时，释放鼠标左键即可完成调和图形操作。

【交互式调和】工具 ![icon]的属性栏如图 5-1 所示。

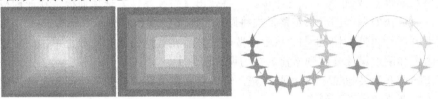

图5-1 【交互式调和】工具的属性栏

- 【预设列表】 预设... ▼：在此下拉列表中可选择软件预设的调和样式。
- 【添加预设】按钮 ✚：单击此按钮，可将当前制作的调和样式保存。
- 【删除预设】按钮 ━：单击此按钮，可将当前选择的调和样式删除。
- 【调和步长数】按钮 ![icon]和【调和间距】按钮 ![icon]：只有创建了沿路径调和的图形后，这两个按钮才可用。主要用于确定图形在路径上是按指定的步数还是固定的间距进行调和。
- 【步长或调和形状之间的偏移量】 ![icon]：在此文本框中可以设置两个图形之间层次的多少和中间调和图形之间的偏移量。图 5-2 所示为设置不同步数和偏移量值后图形的调和效果对比。

图5-2 设置不同的步长和偏移量时图形的调和效果对比

- 【调和方向】 ![icon].0 ▼：可以对调和后的中间图形进行旋转。当输入正值时，图形将逆时针旋转；当输入负值时，图形将顺时针旋转。
- 【环绕调和】按钮 ![icon]：当设置了【调和方向】选项后，此按钮才可用。激活此按钮，可以在两个调和图形之间围绕调和的中心点旋转中间的图形。
- 【直接调和】按钮 ![icon]：可用直接渐变的方式填充中间的图形。
- 【顺时针调和】按钮 ![icon]：可用代表色彩轮盘顺时针方向的色彩填充图形。
- 【逆时针调和】按钮 ![icon]：可用代表色彩轮盘逆时针方向的色彩填充图形。
- 【对象和颜色加速】按钮 ![icon]：单击此按钮，将弹出【对象和颜色加速】选项面板，拖动其中的滑块位置，可对渐变路径中的图形或颜色分布进行调整。

要点提示 当选项面板中的【锁定】按钮 ![icon]处于激活状态时，通过拖曳滑块的位置将同时调整【对象】和【颜色】的加速效果。

- 【加速调和时的大小调整】按钮 ![icon]：激活此按钮，调和图形的对象加速时，将影响中间图形的大小。
- 【杂项调和选项】按钮 ![icon]：单击此按钮，将弹出如图 5-3 所示的【调和选项】面板。

  【映射节点】按钮 ![icon]：单击此按钮，先在起始图形的指定节点上单击，然后在结束图形上的指定节点上单击，可以调节调和图形的对齐点。

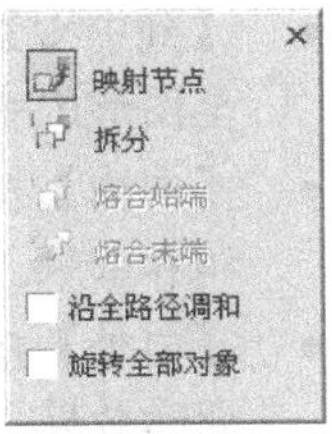

图5-3 【调和选项】面板

【拆分】按钮：单击此按钮，然后在要拆分的图形上单击，可将该图形从调和图形中拆分出来。此时调整该图形的位置，会发现直接调和图形变为复合调和图形。

【熔合始端】按钮和【熔合末端】按钮：按住 Ctrl 键单击复合调和图形中的某一直接调和图形，然后单击按钮或按钮，可将该段直接调和图形之前或之后的复合调和图形转换为直接调和图形。

【沿全路径调和】：勾选此复选项，可将沿路径排列的调和图形跟随整个路径排列。

【旋转全部对象】：勾选此复选项，沿路径排列的调和图形将跟随路径的形态旋转。不勾选与勾选此项时的调和效果对比如图 5-4 所示。

图5-4　调和效果对比

> **要点提示** 只有选择手绘调和或沿路径调和的图形时，【沿全路径调和】和【旋转全部对象】复选项才可用。

- 【起始和结束对象属性】按钮：单击此按钮，将弹出【起始和结束对象属性】的选项面板，在此面板中可以重新选择图形调和的起点或终点。
- 【路径属性】按钮：单击此按钮，将弹出【路径属性】选项面板。在此面板中，可以为选择的调和图形指定路径或将路径在沿路径调和的图形中分离。
- 【复制调和属性】按钮：单击此按钮，然后在其他的调和图形上单击，可以将单击的调和图形属性复制到当前选择的调和图形上。
- 【清除调和】按钮：单击此按钮，可以将当前选择调和图形的调和属性清除，恢复为原来单独的图形形态。

> **要点提示** 和 按钮在其他一些交互式工具的工具栏中也有，使用方法与【交互式调和】工具相同，在后面讲到其他交互式工具的属性栏时将不再介绍。

二、【交互式轮廓图】工具

【交互式轮廓图】工具与【交互式调和】工具的工作原理相同，都是利用渐变的步数来使图形产生调和效果。但【交互式调和】工具必须用于两个或两个以上的图形，而【交互式轮廓图】工具只需要一个图形即可。

选择要添加轮廓的图形，然后选择工具，再单击属性栏中相应的轮廓图样式按钮（【到中心】、【向内】或【向外】），即可为选择的图形添加相应的交互式轮廓图效果。选择工具后，在图形上拖曳鼠标指针，也可为图形添加交互式轮廓图效果。

【交互式轮廓图】工具的属性栏如图 5-5 所示。

图5-5　【交互式轮廓图】工具的属性栏

- 【到中心】按钮：单击此按钮，可以产生使图形的轮廓由图形的外边缘逐步缩小至图形的中心的调和效果。
- 【向内】按钮：单击此按钮，可以产生使图形的轮廓由图形的外边缘向内延伸的调和效果。
- 【向外】按钮：单击此按钮，可以产生使图形的轮廓由图形的外边缘向外延伸的调和效果。

- 【轮廓图步长】：用于设置生成轮廓数目的多少。数值越大，产生的轮廓层次越多。当选择▣按钮时此选项不可用。
- 【轮廓图偏移】：用于设置轮廓之间的距离。数值越大，轮廓之间的距离越大。
- 【轮廓颜色】按钮和【填充色】按钮：单击相应按钮，可在弹出的【颜色选项】面板中为轮廓图最后一个轮廓图形设置轮廓色或填充色。当在【颜色选项】面板中单击 **其E(O)...** 按钮时，可在弹出的【选择颜色】对话框中设置新的颜色。
- 【渐变填充结束色】按钮：当添加轮廓图效果的图形为渐变填充时，此按钮才可用。单击此按钮，可在弹出的【颜色选项】面板中设置最后一个轮廓图形渐变填充的结束色。

三、【交互式阴影】工具

利用【交互式阴影】工具▣可以为矢量图形或位图图像添加两种情况的阴影效果。一种是将鼠标指针放置在图形的中心点上按下鼠标左键并拖曳产生的偏离阴影，另一种是将鼠标指针放置在除图形中心点以外的区域按下鼠标左键并拖曳产生的倾斜阴影。添加的阴影不同，属性栏中的可用参数也不同。

【交互式阴影】工具▣的属性栏如图5-6所示。

图5-6 【交互式阴影】工具的属性栏

- 【阴影偏移】：用于设置阴影与图形之间的偏移距离。当创建偏移阴影时，此选项才可用。
- 【阴影角度】：用于调整阴影的角度，设置范围为"-360~360"。当创建倾斜阴影时，此选项才可用。
- 【阴影的不透明】：用于调整生成阴影的不透明度，设置范围为"0~100"。当为"0"时，生成的阴影完全透明；当为"100"时，生成的阴影完全不透明。
- 【阴影羽化】：用于调整生成阴影的羽化程度。数值越大，阴影边缘越虚化。
- 【阴影羽化方向】按钮：单击此按钮，将弹出如图5-7所示的【羽化方向】选项面板，利用此面板可以为交互式阴影选择羽化方向的样式。
- 【阴影羽化边缘】按钮：单击此按钮，将弹出如图5-8所示的【羽化边缘】选项面板，利用此面板可以为交互式阴影选择羽化边缘的样式。注意，当在【羽化方向】选项面板中选择【平均】选项时，此按钮不可用。

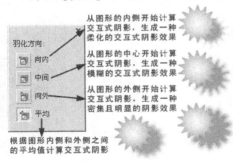

图5-7 【羽化方向】选项面板

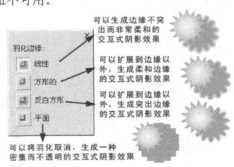

图5-8 【羽化边缘】选项面板

- 【淡出】  ：当创建倾斜阴影时，此选项才可用。用于设置阴影的淡出效果，设置范围为"0～100"。数值越大，阴影淡出的效果越明显。图 5-9 所示为原图与调整【淡出】参数后的阴影效果。

- 【阴影延展】  ：当创建倾斜阴影时，此选项才可用。用于设置阴影的延伸距离，设置范围为"0～100"。数值越大，阴影的延展距离越长。图 5-10 所示为原图与调整【阴影延展】参数后的阴影效果。

图5-9　原图与调整【淡出】参数后的效果　　　　　　　图5-10　原图与调整【阴影延展】参数后的效果

- 【透明度操作】 ：用于设置阴影的透明度样式。
- 【阴影颜色】按钮 ：单击此按钮，可以在弹出的【颜色】选项面板中设置阴影的颜色。

5.1.2　范例解析——设计商场 POP 吊旗

下面主要利用【交互式调和】工具、【交互式轮廓图】工具及【交互式阴影】工具来制作如图 5-11 所示的商场 POP 吊旗。

首先利用【交互式调和】工具 制作出装饰球形，然后利用基本绘图工具绘制吊旗的背景，并利用【交互式轮廓图】工具 和【交互式阴影】工具 制作出主题文字，最后添加上装饰图形即可。具体操作方法介绍如下。

1. 新建一个图形文件，利用 工具依次绘制出如图 5-12 所示的橘黄色（M:30,Y:90）和深黄色（M:10,Y:100）的圆形。

2. 将小的深黄色圆形以中心等比例缩小复制，然后将其颜色修改为白色，效果如图 5-13 所示。

3. 选择 工具，将鼠标指针移动到白色的圆形上按下鼠标左键并向其下的深黄色圆形上拖曳，状态如图 5-14 所示。

图5-11　制作的商场 POP 吊旗

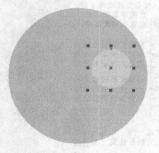

图5-12　绘制的圆形

图5-13　缩小复制出的图形

图5-14　调和图形时的状态

4. 释放鼠标左键后，即可将两个圆形调和，效果如图 5-15 所示。

5. 将鼠标指针再移动到调和图形上，当鼠标指针显示为 形状时按下鼠标左键并向下方的橘黄色图形上拖曳，状态如图 5-16 所示，释放鼠标左键后，即可制作出复合调和效果，如图 5-17 所示。

图5-15　图形调和后的效果

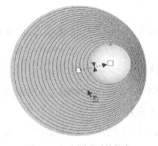
图5-16　调和图形时的状态

图5-17　复制出的复合调和效果

接下来绘制吊旗的背景。

6. 利用 工具绘制出如图 5-18 所示的黄色（C:4,M:5,Y:93）图形，然后根据绘制的图形依次绘制出如图 5-19 所示的深黄色（M:15,Y:96）图形。

7. 利用 字 工具输入如图 5-20 所示的黑色文字。

图5-18　绘制的图形（1）

图5-19　绘制的图形（2）

图5-20　输入的文字

8. 选择 工具，框选"欢乐"文字左下角的白色小点，将"欢乐"文字选择，状态如图 5-21 所示。

9. 在属性栏中将选择文字的字符调大，效果如图 5-22 所示。

图5-21　框选文字状态

图5-22　文字调大后的效果

10. 将文字的颜色修改为白色，然后为其添加冰蓝色（C:40）的外轮廓。

11. 执行【排列】/【打散美术字】命令，将输入的文字拆分为单个的字，然后分别将其调整至如图 5-23 所示的形态。

12. 利用 工具将调整后的文字同时选择，然后按 Ctrl+G 组合键群组。

13. 选择 工具，将鼠标指针移动到群组后的文字上按下鼠标左键并向上拖曳，为文字添加轮廓图，状态如图 5-24 所示。

图5-23　各文字调整后的形态

图5-24　添加轮廓图时的状态

14. 释放鼠标左键后，分别调整 ▣ 工具属性栏中的选项参数及轮廓图形颜色，如图 5-25 所示。

M:60,Y:100　M:100

图5-25　【交互式轮廓图】工具的属性栏

15. 调整轮廓属性后的文字效果如图 5-26 所示。

16. 选择 ▣ 工具，将鼠标指针移动到文字的中心位置按下鼠标左键并向右下方拖曳，为文字添加阴影效果，状态如图 5-27 所示。

图5-26　添加的轮廓效果

图5-27　拖曳鼠标状态

17. 分别调整【交互式阴影】工具 ▣ 属性栏中的选项及参数如图 5-28 所示，其中轮廓颜色为红色（M:100,Y:100）。

图5-28　【交互式阴影】工具的属性栏

18. 调整参数后生成的阴影效果如图 5-29 所示。

19. 将步骤 5 中制作的调和球形图形选择，按 Shift+PageUp 键，将其调整至所有图形的前面，然后调整至合适的大小后放置到如图 5-30 所示的位置。

图5-29　添加的阴影效果

图5-30　球形调整后的大小及位置

20. 用移动复制及调整图形大小操作依次将球形图形复制并调整大小，最终效果如图 5-31 所示。

21. 利用 ▣ 工具及移动复制和调整图形大小操作再绘制出如图 5-32 所示的装饰图形。

22. 将绘制的圆形同时选择并群组，然后镜像复制并旋转角度，并调整至如图 5-33 所示的位置。

图5-31　复制出的球形

23. 利用 [字]工具输入白色的"倾情回馈"文字，然后为其添加洋红色的外轮廓，输入的文字及外轮廓参数设置如图 5-34 所示。

图5-32　绘制出的圆形

图5-33　镜像复制出的图形

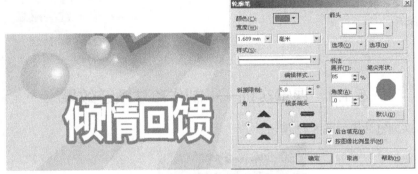

图5-34　输入的文字及外轮廓参数设置

24. 确认"倾情回馈"文字处于选择状态，按键盘数字区中的[+]键，在原位置复制文字，然后将文字的轮廓颜色修改为蓝色（C:97,M:84,Y:10），并将轮廓宽度调大，效果如图 5-35 所示。

25. 按 [Ctrl+PageDown] 键，将复制出的文字调整至原文字的下方，然后用相同的方法，制作出另一组文字，如图 5-36 所示。

图5-35　调整后的文字

图5-36　制作出的文字

26. 利用 [☆]工具，绘制出如图 5-37 所示的星形，其填充色为红色（M:100,Y:100），轮廓色为橘黄色（C:2,M:50,Y:95）。

27. 按 [Ctrl+PageDown]键，将绘制的星形调整到文字的下方，然后利用 [字]工具输入如图 5-38 所示的黄色（Y:100）数字。

图5-37　绘制的星形图形

图5-38　输入的文字

28. 选择 [▢]工具，在属性栏中的 [预设 ▾] 下拉列表中选择"右上透视图"，数字添加的阴影效果如图 5-39 所示。

29. 将鼠标指针移动到显示的阴影调节杆上的黑色控制点上按下鼠标左键并向左上方拖曳，调整阴影的角度，效果如图 5-40 所示。

图5-39 添加的阴影效果

图5-40 调整后的阴影效果

30. 利用 字 工具输入如图 5-41 所示的紫红色
（C:37,M:98,Y:25）文字，即可完成 POP
吊旗的制作。

31. 按 Ctrl+S 键，将此文件命名为 "POP 吊
旗.cdr" 保存。

图5-41 输入的文字

5.1.3 课堂实训——制作珍珠项链效果

制作的珍珠项链效果如图 5-42 所示。

图5-42 制作的珍珠项链效果

【步骤提示】

1. 新建一个图形文件，导入附盘中 "图库\第 05 讲" 目录下名为 "红布.jpg" 的图片文件，然
后利用 ○ 工具绘制圆形并为其填充渐变色制作珍珠效果，渐变颜色设置及填充后的效果如
图 5-43 所示。

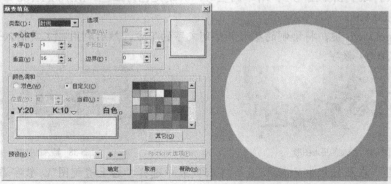

图5-43 设置的渐变颜色及填充颜色后的效果

2. 将填充渐变色后的圆形水平向右移动复制，然后利用 ⬚ 工具将两个图形调和，效果如图 5-44
所示。

图5-44　混和后的图形效果

3. 利用 和 工具绘制调整出如图 5-45 所示的 "心形" 图形。

4. 将调和后的图形选择，然后单击属性栏中的 按钮，在弹出的菜单中选择【新建路径】命令，鼠标指针变为 形状后在 "心形" 图形上单击，将混和后的图形沿路径排列，如图 5-46 所示。

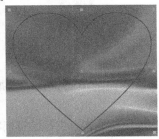

图5-45　绘制的心形

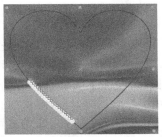

图5-46　混和图形沿路径排列后的形态

5. 在属性栏中将 参数设置为 "80"，按 Enter 键确认，重新设置调和图形的步数，然后单击属性栏中的 按钮，在弹出的面板中勾选【沿全路径调和】复选项，此时调和图形即沿全路径排列。

5.2　变形和封套工具

本节来讲解【交互式变形】工具和【交互式封套】工具的使用。

5.2.1　功能讲解

一、【交互式变形】工具

利用【交互式变形】工具 可以给图形创建特殊的变形效果，其变形方式有 3 种，分别为推拉变形、拉链变形和扭曲变形。

(1) 【推拉变形】方式：此方式可以通过将图形向不同的方向拖曳，从而将图形边缘推进或拉出。选中图形，然后选择 工具，激活属性栏中的 按钮，再将鼠标指针移动到选择的图形上，按下鼠标左键并水平拖曳。当向左拖曳时，可以使图形边缘推向图形的中心，产生推进变形效果；当向右拖曳时，可以使图形边缘从中心拉开，产生拉出变形效果。拖曳到合适的位置后，释放鼠标左键即可完成图形的变形操作。

当激活 工具属性栏中的 按钮时，其相对应的属性栏如图 5-47 所示。

图5-47　激活 按钮时的属性栏

* 【添加新的变形】按钮 ：单击此按钮，可以将当前的变形图形作为一个新的图形，从而可以再次对此图形进行变形。

　因为图形最大的变形程度取决于【推拉失真振幅】值的大小，如果图形需要的变形程度超过了它的取值范围，则在图形的第一次变形后单击 按钮，然后再对其进行第二次变形即可。

- 【推拉失真振幅】 ～ 139 ↕ ：可以设置图形推拉变形的振幅大小。设置范围为
  "－200～200"。当参数为负值时，可将图形进行推进变形；当参数为正值
  时，可以对图形进行拉出变形。此数值的绝对值越大，变形越明显，图 5-48 所
  示为原图与设置不同参数时图形的变形效果对比。

原图　　　　　　　　　参数为"30"时的变形效果　　　　参数为"－30"时的变形效果

图5-48　原图与设置不同参数时图形的变形效果对比

- 【中心变形】按钮 ：单击此按钮，可以确保图形变形时的中心点位于图形的
  中心点。

  (2) 【拉链变形】方式：此方式可以将当前选择的图形边缘调整为带有尖锐的锯齿状轮廓效
果。选中图形，然后选择 工具，并激活属性栏中的 按钮，再将鼠标指针移动到选择的图形上
按下鼠标左键并拖曳，至合适位置后释放鼠标左键即可为选择的图形添加拉链变形效果。

  当激活 工具属性栏中的 按钮时，其相对应的属性栏如图 5-49 所示。

```
预设...    ▼  ＋  －  🞪 🞪 🞪  ～0 ↕  ～0 ↕  🞪 🞪 🞪    🞪 🞪 🞪
```

图5-49　激活 按钮时的属性栏

- 【拉链失真振幅】 ～ 0 ↕ ：用于设置图形的变形幅度，设置范围为"0～100"。
- 【拉链失真频率】 ～ 0 ↕ ：用于设置图形的变形频率，设置范围为"0～100"。
- 【随机变形】按钮 ：可以使当前选择的图形根据软件默认的方式进行随机性
  的变形。
- 【平滑变形】按钮 ：可以使图形在拉链变形时产生的尖角变得平滑。
- 【局部变形】按钮 ：可以使图形的局部产生拉链变形效果。

  分别使用以上 3 种变形方式时图形的变形效果如图 5-50 所示。

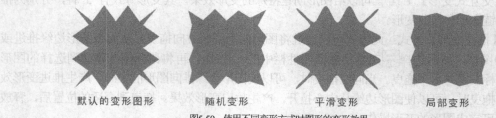

默认的变形图形　　　　　随机变形　　　　　平滑变形　　　　　局部变形

图5-50　使用不同变形方式时图形的变形效果

  (3) 【扭曲变形】方式：此方式可以使图形绕其自身旋转，产生类似螺旋形效果。选中图
形，然后选择 工具，并激活属性栏中的 按钮，再将鼠标指针移动到选择的图形上，按下鼠
标左键确定变形的中心，然后拖曳鼠标指针绕变形中心旋转，释放鼠标左键后即可产生扭曲变形
效果。

  当激活 工具属性栏中的 按钮时，其相对应的属性栏如图 5-51 所示。

```
预设...    ▼  ＋  －  🞪 🞪 🞪  ↻ ↺  ∠0 ↕ ⊘0 ↕    🞪 🞪 🞪
```

图5-51　激活 按钮时工具的属性栏

- 【顺时针旋转】按钮◯和【逆时针旋转】按钮◯：设置图形变形时的旋转方向。单击◯按钮，可以使图形按顺时针方向旋转；单击◯按钮，可以使图形按逆时针方向旋转。
- 【完全旋转】◯ ◯：用于设置图形绕旋转中心旋转的圈数，设置范围为 "0～9"。图 5-52 所示为设置 "1" 和 "3" 时图形的旋转效果。
- 【附加角度】◯ ◯：用于设置图形旋转的角度，设置范围为 "0～359"。图 5-53 所示为设置 "150" 和 "300" 时图形的变形效果。

图5-52　设置不同旋转圈数时图形的旋转效果　　　　　图5-53　设置不同旋转角度后的图形变形效果

二、【交互式封套】工具

利用【交互式封套】工具▦可以在图形或文字的周围添加带有控制点的蓝色虚线框，通过调整控制点的位置，可以很容易地对图形或文字进行变形。

选择▦工具，在需要为其添加交互式封套效果的图形或文字上单击将其选择，此时在图形或文字的周围将显示带有控制点的蓝色虚线框，将鼠标指针移动到控制点上拖曳，即可调整图形或文字的形状。

【交互式封套】工具▦的属性栏如图 5-54 所示。

图5-54　【交互式封套】工具的属性栏

- 【封套的直线模式】按钮▢：此模式可以制作一种基于直线形式的封套。激活此按钮，可以沿水平或垂直方向拖曳封套的控制点来调整封套的一边。此模式可以为图形添加类似于透视点的效果。图 5-55 所示为原图与激活▢按钮后调整出的效果对比。
- 【封套的单弧模式】按钮▢：此模式可以制作一种基于单圆弧的封套。激活此按钮，可以沿水平或垂直方向拖曳封套的控制点，在封套的一边制作弧线形状。此模式可以使图形产生凹凸不平的效果。图 5-56 所示为原图与激活▢按钮后调整出的效果对比。

图5-55　原图与激活▢按钮后调整出的效果对比　　　　　图5-56　原图与激活▢按钮后调整出的效果对比

- 【封套的双弧模式】按钮▢：此模式可以制作一种基于双弧线的封套。激活此按钮，可以沿水平或垂直方向拖曳封套的控制点，在封套的一边制作 "S" 形状。图 5-57 示为原图与激活▢按钮后调整出的图形效果对比。
- 【封套的非强制模式】按钮✐：此模式可以制作出不受任何限制的封套。激活此按钮，可以任意调整选择的控制点和控制柄。图 5-58 所示为原图与激活✐按钮后调整出的效果对比。

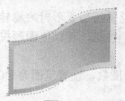

图5-57 原图与激活 ☐ 按钮后调整出的效果对比　　　　图5-58 原图与激活 ✎ 按钮后调整出的效果对比

当使用直线模式、单弧模式或双弧模式对图形进行编辑时，按住 Ctrl 键，可以对图形中相对的节点一起进行同一方向的调节；按住 Shift 键，可以对图形中相对的节点一起进行反方向的调节；按住 Ctrl+Shift 键，可以对图形4条边或4个角上的节点同时进行调节。

- 【添加新封套】按钮 ：当对图形使用封套变形后，单击此按钮，可以再次为图形添加新封套，并进行编辑变形操作。
- 【映射模式】 自由变形 ▾ ：用于选择封套改变图形外观的模式。
- 【保留线条】按钮 ：激活此按钮，为图形添加封套变形效果时，将保持图形中的直线不被转换为曲线。
- 【创建封套自】按钮 ：单击此按钮，然后将鼠标指针移动到图形上单击，可将单击图形的形状作为新的封套添加到选择的封套图形上。

5.2.2 范例解析——设计商场促销海报

下面主要利用【交互式变形】工具和【交互式封套】工具来设计商场的促销海报，最终效果如图5-59所示。

图5-59 设计的商场促销海报

首先利用各种基本绘图工具制作海报背景，然后利用【交互式封套】工具 制作主题文字，再利用【交互式变形】工具 制作各种花图案装饰海报即可，具体操作方法介绍如下。

1. 新建图形文件，利用 ☐ 工具绘制矩形，然后为其填充渐变色，渐变颜色设置及填充后的效果如图5-60所示。

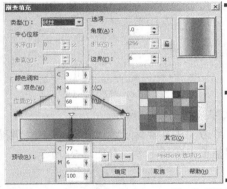 

图5-60　渐变颜色设置及填充后的效果

2. 利用 🖊 工具依次绘制出如图 5-61 所示的白色图形，然后选择 🛇 工具，并将属性栏中的
 标准▾ 设置为 "标准"，效果如图 5-62 所示。

图5-61　绘制的图形　　　　　　　　　　　　　　图5-62　设置透明后的效果

3. 利用 字 工具输入如图 5-63 所示的文字，其填充色为洋红色（M:100），轮廓色为白色。

4. 利用 🖾 工具为文字添加轮廓图效果，参数设置及添加后的效果如图 5-64 所示。

图5-63　输入的文字　　　　　　　　　　　　　　图5-64　添加的轮廓图效果

5. 选择输入的文字，按键盘数字区中的 + 键，将其在原位置复制，然后为其填充渐变色，渐变颜
 色设置及填充后的效果如图 5-65 所示。

图5-65　渐变颜色设置及填充后的效果

6. 将复制出的文字及下方的文字同时选择并群组，然后选择 🖾 工具，并框选如图 5-66 所示的控
 制点，按 Delete 键删除。

7. 用与利用 🖎 工具调整图形相同的方法，利用 🖾 工具对各控制点进行调整，以对文字进行变形
 处理，效果如图 5-67 所示。

图5-66 框选的控制点

图5-67 变形后的效果

8. 用与步骤3～7相同的方法，制作出下方的变形文字，如图5-68所示。

9. 按 Ctrl+I 键，将附盘中"图库\第05讲"目录下名为"节日素材.cdr"的文件导入，调整至合适的大小后，依次按 Ctrl+PageDown 键，将其调整至文字的下方，如图5-69所示。

图5-68 制作的变形文字

图5-69 导入的节日素材

10. 利用 字 工具输入如图5-70所示的绿色（C:100,Y:100）文字，然后将其向左上方轻微移动并复制，再将复制出的文字颜色修改为黄色（Y:100），效果如图5-71所示。

图5-70 输入的文字

图5-71 复制出的文字

11. 按 Ctrl+I 键，将附盘中"图库\第05讲"目录下名为"人物.ai"的文件导入，调整至合适的大小后，放置到如图5-72所示的位置。

下面来绘制各种装饰花图案。

12. 选择 ○ 工具，按住 Ctrl 键绘制四边形，然后为其填充从酒绿色（C:40,Y:100）到白色的射线渐变色，如图5-73所示。

13. 选择 ◻ 工具，将鼠标指针移动到四边形图形上按下鼠标左键并向左拖曳，将图形变形至如图5-74所示的形态。

图5-72 人物图形调整后的大小及位置

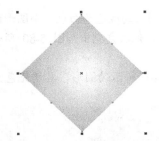

图5-73　绘制的四边形

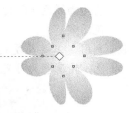

图5-74　变形后的效果

14. 将变形后的图形调整至合适的大小后移动到海报画面中，并利用移动复制及缩小图形操作，依次复制出如图 5-75 所示的花图案。

图5-75　复制出的花图案

15. 利用◎工具绘制五边形，然后为其填充月光绿色（C:20,Y:60），如图 5-76 所示。

16. 利用☺工具对其进行变形调整，效果如图 5-77 所示，然后将图形以中心等比例缩小复制，再将复制出的图形的填充色修改为白色，如图 5-78 所示。

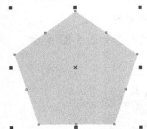

图5-76　绘制的五边形

图5-77　变形后的效果

图5-78　缩小复制出的图形

17. 将步骤 16 中的两个图形同时选择并群组，调整大小后进行移动复制，复制出的图形如图 5-79 所示。

图5-79　复制出的花图案

18. 用与步骤 15～16 相同的方法，制作出另一组花图案，其中大图形的颜色为白色，小图形的颜色为酒绿色（C:40,Y:100），然后用与步骤 17 相同的复制操作，依次复制出如图 5-80 所示的花图案。

19. 利用⊙工具及复制和调整图形大小操作，依次绘制出如图 5-81 所示的圆形，其填充色为白色，轮廓色为月光绿色（C:20,Y:60）。

图5-80 复制出的花图案　　　　　　　　　　　　　图5-81 绘制的圆形

20. 至此，促销海报设计完成，按 Ctrl+S 键将此文件命名为"海报.cdr"保存。

5.2.3 课堂实训——制作变形文字

下面灵活运用【交互式封套】工具来制作如图 5-82 所示的变形文字效果。

【步骤提示】

1. 新建图形文件，将附盘中"图库\第05讲"目录下名为"音响.jpg"的文件导入。

2. 利用字工具输入文字，然后利用图工具对其进行变形调整，调整后的形态如图 5-83 所示。

图5-82 制作的变形文字效果　　　　　　　　　　　图5-83 文字变形后的形态

5.3 立体化和透明工具

本节来讲解【交互式立体化】工具和【交互式透明】工具的使用方法。

5.3.1 功能讲解

一、【交互式立体化】工具

利用【交互式立体化】工具 可以通过图形的形状向设置的消失点延伸，从而使二维图形产生逼真的三维立体效果。

选择 工具，在需要添加交互式立体化效果的图形上单击将其选择，然后拖曳鼠标即可为图形添加立体化效果。

【交互式立体化】工具 的属性栏如图5-84所示。

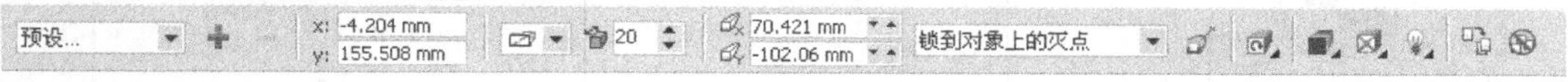

图5-84 【交互式立体化】工具的属性栏

- 【立体化类型】 ：其下拉列表中包括预设的 6 种不同的立体化样式，当选择其中任意一种时，可以使选择的图形具有与选择的立体化样式相同的立体效果。

- 【深度】 ：用于设置立体化的立体进深，设置范围为"1～99"。数值越大立体化深度越大。图 5-85 所示为设置不同的【深度】参数时图形产生的立体化效果对比。

- 【灭点坐标】 ：用于设置立体图形灭点的坐标位置。灭点是指图形各点延伸线向消失点处延伸的相交点，如图5-86所示。

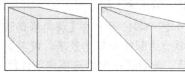

图5-85 设置不同参数时的立体化效果对比

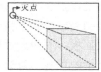

图5-86 立体化的灭点

- 【灭点属性】 选项：选择【锁到对象上的灭点】选项，图形的灭点是锁定到图形上的。当对图形进行移动时，灭点和立体效果将会随图形的移动而移动；选择【锁到页上的灭点】选项，图形的灭点将被锁定到页面上。当对图形进行移动时，灭点的位置将保持不变；选择【复制灭点，自…】选项，鼠标指针将变为 形状，此时将鼠标指针移动到绘图窗口中的另一个立体化图形上单击，可以将该立体化图形的灭点复制到选择的立体化图形上；选择【共享灭点】选项，鼠标指针将变为 形状，此时将鼠标指针移动到绘图窗口中的另一个立体化图形上单击，可以使该立体化图形与选择的立体化图形共同使用一个灭点。

- 【VP 对象/VP 页面】按钮 ：不激活此按钮时，可以将灭点以立体化图形为参考，此时【灭点坐标】中的数值是相对于图形中心的距离。激活此按钮，可以将灭点以页面为参考，此时【灭点坐标】中的数值是相对于页面坐标原点的距离。

- 【立体的方向】按钮 ：单击此按钮，将弹出如图 5-87 所示的选项面板。将鼠标指针移动到面板中，当鼠标指针变为 形状时按下鼠标左键拖曳，旋转此面板中的数字按钮，可以调节立体图形的视图角度。

  按钮：单击该按钮，可以将旋转后立体图形的视图角度恢复为未旋转时的形态。

  按钮：单击该按钮，【立体的方向】面板将变为【旋转值】选项面板，通过设置【旋转值】面板中的【X】、【Y】和【Z】的参数，也可以调整立体化图形的视图角度。

零点提示 在选择的立体化图形上再次单击，将出现如图 5-88 所示的旋转框，在旋转框内按下鼠标左键并拖曳，也可以旋转立体图形。

- 【颜色】按钮 : 单击此按钮，将弹出如图 5-89 所示的【颜色】选项面板。

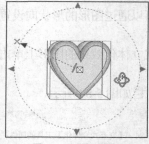

图5-87 【立体的方向】选项面板　　　　图5-88 出现的旋转框　　　　图5-89 【颜色】选项面板

【使用对象填充】按钮 : 激活该按钮可使当前选择图形的填充色应用到整个立体化图形上。

【使用纯色】按钮 : 激活该按钮，可以通过单击 ![]▼ 按钮，再在弹出的【颜色】面板中设置任意的单色填充立体化面。

【使用递减的颜色】按钮 : 激活该按钮，可以沿着立体化面的长度渐变填充设置的【从】 ![]▼ 颜色和【到】 ![]▼ 颜色。

分别激活以上 3 种按钮时，设置立体化颜色后的效果如图 5-90 所示。

- 【斜角修饰边】按钮 : 单击此按钮，将弹出如图 5-91 所示的【斜角修饰边】选项面板。利用此面板可以将立体化变形后的图形边缘制作成斜角效果，使其具有更光滑的外观。勾选【使用斜角修饰边】复选项后，此对话框中的选项才可以使用。

图5-90 使用不同的颜色按钮时图形的立体化效果　　　　图5-91 【斜角修饰边】选项面板

【只显示斜角修饰边】：勾选此复选项，将只显示立体化图形的斜角修饰边，不显示立体化效果。

【斜角修饰边深度】 ![2.0 mm]: 用于设置图形边缘的斜角深度。

【斜角修饰边角度】 ![45.0]: 用于设置图形边缘与斜角相切的角度。数值越大，生成的倾斜角就越大。

- 【照明】按钮 : 单击此按钮，将弹出如图 5-92 所示的【照明】选项面板。在此面板中，可以为立体化图形添加光照效果和交互式阴影，从而使立体化图形产生的立体效果更强。

单击面板中的 ![1]、![2] 或 ![3] 按钮，可以在当前选择的立体化图

图5-92 【照明】选项面板

形中应用 1 个、2 个或 3 个光源。再次单击光源按钮，可以将其去除。另外，在预览窗口中拖曳光源按钮可以移动其位置。

拖曳【强度】选项下方的滑块，可以调整光源的强度。向左拖曳滑块，可以使光源的强度减弱，使立体化图形变暗；向右拖曳滑块，可以增加光源的光照强度，使立体化图形变亮。注意，每个光源是单独调整的，在调整之前应先在预览窗口中选择好光源。

勾选【使用全色范围】复选项，可以使交互式阴影看起来更加逼真。

二、【交互式透明】工具

利用【交互式透明】工具 可以为矢量图形或位图图像添加各种各样的透明效果。

选择 工具，在需要添加透明效果的图形上单击将其选择，然后在属性栏【透明度类型】中选择需要的透明度类型，即可为选择的图形添加交互式透明效果。

【交互式透明】工具 的属性栏，根据选择不同的透明度类型而显示不同的选项。默认状态下的属性栏如图 5-93 所示。注意，只有在【透明度类型】选项中选择除"无"以外的其他选项时，属性栏中的其他参数才可用。

图5-93 【交互式透明】工具的属性栏

- 【透明度类型】 ：在此下拉列表中包括前面学过的各种填充效果，如"标准"、"线性"、"射线"、"圆锥"、"方角"、"双色图样"、"全色图样"、"位图图样"和"底纹"等。
- 【编辑透明度】按钮 ：单击此按钮，将弹出相应的填充对话框，通过设置对话框中的选项和参数，可以制作出各种类型的透明效果。
- 【冻结】按钮 ：激活此按钮，可以将图形的透明效果冻结。当移动该图形时，图形之间叠加产生的效果将不会发生改变。

 利用【交互式透明】工具为图形添加透明效果后，图形中将出现透明调整杆，通过调整其大小或位置，可以改变图形的透明效果。

5.3.2 范例解析——制作立体字效果

下面主要利用【交互式透明】工具和【交互式立体化】工具，制作如图 5-94 所示的立体效果字。

图5-94 制作的立体效果字

首先利用【交互式透明】工具图制作发光背景，然后利用【交互式立体化】工具图制作立体效果字，再利用【交互式轮廓图】工具图制作装饰心形，依次复制后即可完成本案例的制作，具体操作方法介绍如下。

1. 新建一个图形文件，利用口工具绘制黑色的正方形，然后将其在原位置复制，并将复制出的图形的填充色修改为青色（C:100）。

2. 选择图工具，并在属性栏中的 无 下拉列表中选择"射线"，效果如图 5-95 所示。

3. 单击属性栏中的图按钮，在弹出的【渐变透明度】对话框中，将【从】颜色设置为黑色，【到】颜色设置为白色，【边界】选项的参数设置为"7%"，单击 确定 按钮，调整透明属性后的效果如图 5-96 所示。

4. 选择图工具，并将属性栏中图60的参数设置为"60"，图70的参数设置为"70"，然后绘制出如图 5-97 所示的星形。

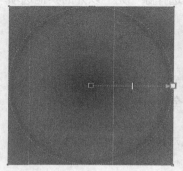
图5-95 添加的射线透明效果

图5-96 调整透明属性后的效果

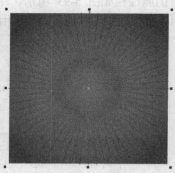
图5-97 绘制的星形

5. 为绘制的星形填充如图 5-98 所示的渐变色，然后灵活运用图工具及【结合】命令，绘制出如图 5-99 所示的装饰图案，其填充色为白色，轮廓色为浅蓝色（C:26,M:7,Y:6）。

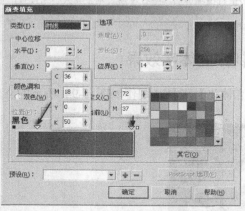
图5-98 设置的渐变色

图5-99 绘制的装饰图案

接下来制作立体效果字。

6. 利用字工具输入如图 5-100 所示的字母，然后将其在水平方向上扭曲调整，效果如图 5-101 所示。

7. 选择图工具，然后在第一个字母左下方的控制点上单击将其选择，再在【调色板】中的"橘红"色上单击，将第一个字母的颜色修改为橘红色，如图 5-102 所示。

ONLY ONLY ONLY
YOU! YOU! YOU!

图5-100　输入的字母　　　　　图5-101　扭曲变形后的效果　　　　　图5-102　修改字母颜色后的效果

8. 用与步骤 7 相同的方法，依次对其他字母的颜色进行调整，最终效果如图 5-103 所示。

9. 将鼠标指针移动到字母左下方的 ⬚ 图标上按下鼠标左键并向上拖曳，可调整字母的行距；将鼠标指针移动到字母右下方的 ⬚ 图标上按下鼠标左键并向左拖曳，可调整字母的字距，调整后的字母效果如图 5-104 所示。

ONLY
YOU!

ONLY
YOU!

图5-103　调整字母颜色后的效果　　　　　　　　　图5-104　调整字母行距和字距后的效果

10. 选择 工具，在属性栏中的 `预设...` 下拉列表中选择 "矢量立体化 5"，添加立体化后的字母效果如图 5-105 所示。

11. 单击属性栏中的 ▢▾ 按钮，在弹出的下拉列表中选择如图 5-106 所示的选项，然后将 ⬚5 ↕ 的参数设置为 "5"，修改立体化属性后的效果如图 5-107 所示。

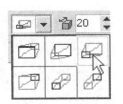

图5-105　立体化后的效果　　　　　图5-106　选择的选项　　　　　图5-107　调整后的效果

12. 在立体化图形上单击，使其周围显示旋转框，然后将鼠标指针放置到下方中间的控制点位置，当鼠标指针显示为 ✤ 图标时按下鼠标左键并向上拖曳，调整立体化图形的旋转角度，效果如图 5-108 所示。

13. 将鼠标指针再移动到旋转框右侧中间的控制点上，当鼠标指针显示为 ✤ 图标时按下鼠标左键并向左拖曳，调整立体化图形的旋转角度，效果如图 5-109 所示。

图5-108　旋转后的立体化效果（1）　　　　　图5-109　旋转后的立体化效果（2）

14. 利用 ▯ 工具将立体化后的文字移动到背景图形上，然后调整至如图 5-110 所示的形态。

最后来绘制用于装饰的心形。

15. 利用  和  工具绘制出如图 5-111 所示的图形。

图5-110 立体字调整后的形态

图5-111 绘制的图形

16. 选择 工具，为心形图形添加外轮廓，然后设置属性栏中的选项及参数如图 5-112 所示。

图5-112 交互式轮廓图的属性设置

17. 心形图形添加轮廓图后的效果如图 5-113 所示。

18. 执行【排列】/【打散轮廓图群组】命令，将轮廓图与文字拆分，然后执行【排列】/【取消群组】命令，将轮廓图的群组取消，再利用 工具分别选择各图形，并为其修改填充色，效果如图 5-114 所示。

图5-113 添加的轮廓图效果

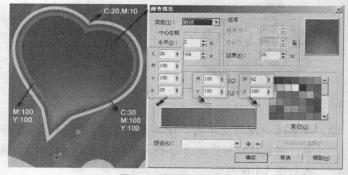
图5-114 修改颜色后的效果

19. 将心形图形全部选择并群组，然后依次复制并调整大小，最终效果如图 5-115 所示。

图5-115 复制出的心形图形

5.3.3　课堂实训——制作水晶按钮

下面主要利用【交互式调和】工具、【交互式透明】工具和【交互式阴影】工具来绘制如图5-116 所示的水晶按钮。

【步骤提示】

1. 新建图形文件，利用 ⊙ 工具依次绘制出如图 5-117 所示的绿色（C:100,Y:100）圆形及酒绿色（C:40,Y:100）椭圆形。

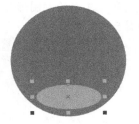

图5-116　制作的水晶按钮　　　　　　　　　　　图5-117　绘制的图形

2. 利用 ⊡ 工具将两个图形进行调和，然后绘制出如图 5-118 所示的白色图形，并利用 ⊻ 工具为其添加如图 5-119 所示的交互式透明效果。

3. 利用 ⊿ 工具绘制黑色的"对号"图形，然后利用 ⊡ 工具为其添加如图 5-120 所示的阴影效果，即可完成水晶按钮的制作。

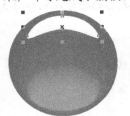

图5-118　绘制的图形　　　　　　图5-119　添加透明后的效果　　　　　　图5-120　添加的阴影效果

5.4　综合案例——绘制网络插画

综合运用各种交互式工具绘制出如图 5-121 所示的网络插画。

【步骤提示】

1. 新建一个【纸张宽度和高度】选项为 ⊡ 360.0 mm ⊡ 270.0 mm 的图形文件，然后双击 ⊡ 工具，添加一个与当前页面相同大小的矩形，并为其填充天蓝色（C:65,Y:5）。

2. 按键盘数字区中的 ⊞ 键，将矩形在原位置复制，然后将复制出的图形的填充色修改为黄绿色（C:30,Y:45）。

3. 选择 ⊻ 工具，将鼠标指针移动到画面的中心位置按下鼠标左键并向上拖曳，为图形添加如图 5-122 所示的交互式透明效果。

图5-121 绘制的网络插画

图5-122 添加透明后的效果

4. 利用 🖋 和 🖋 工具绘制图形并为其填充渐变色，制作草地，设置的渐变颜色及填充后的图形效果如图 5-123 所示。

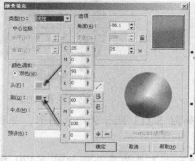

图5-123 设置的渐变颜色及填充后的图形效果

5. 用与步骤 4 相同的方法绘制右侧的草地图形，设置的渐变颜色及填充后的图形效果如图 5-124 所示。

图5-124 设置的渐变颜色及填充后的图形效果

6. 利用 🖋 工具绘制如图 5-125 所示的黄色（Y:100）圆形作为太阳，然后利用 🖋 工具为其添加交互式阴影制作发光效果，设置的属性参数及生成的效果如图 5-126 所示。

图5-125 绘制的圆形

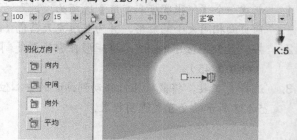

图5-126 设置的属性参数及生成的效果

7. 利用 📧 工具依次绘制出如图 5-127 所示的白色图形，然后将其全部选择并按 **Ctrl+PageDown** 键，将其调整至"太阳"图形的下方。

8. 利用 📍 工具将上方 4 个图形同时选择，然后选择 🔲 工具，并将属性栏中的 标准 ▼ 设置为"标准"，再将 ↦ 🔲 85 的参数设置为"85"，效果如图 5-128 所示。

9. 依次选择其他的图形，利用 🔲 工具分别为其添加如图 5-129 所示的线性交互式透明效果。

图5-127 绘制的图形

图5-128 添加标准透明后的效果

图5-129 添加线性交互式透明后的效果

10. 利用 📧 和 📍 工具绘制出如图 5-130 所示的白色图形，作为云彩，然后选择 🔲 工具，并将属性栏中的 标准 ▼ 设置为"标准"，为图形添加透明效果。

11. 依次移动复制图形并分别调整复制出图形的大小，效果如图 5-131 所示。

图5-130 绘制的图形

图5-131 制作的云彩效果

12. 利用 🔲 工具绘制白色的矩形，然后利用 🔲 工具对其进行变形调整，形态如图 5-132 所示。

13. 利用 🔲 工具绘制椭圆形，然后为其填充【从】颜色为橘红色（M:60,Y:100），【到】颜色为黄色（Y:100）的射线渐变色，如图 5-133 所示。

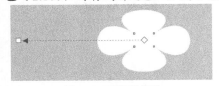

图5-132 变形后的效果

图5-133 制作的花图形

14. 将作为花图形的两个图形同时选择并移动复制，然后修改复制出图形中花蕊的渐变颜色，即【从】颜色为紫红色（C:13,M:45），【到】颜色为粉红色（M:45）。

15. 分别选择两个花图形，进行群组，然后依次复制并调整大小和旋转角度，制作出如图 5-134 所示的效果。

16. 利用 📧 工具在画面的左下方依次绘制出如图 5-135 所示的浅黄色（C:2,M:2,Y:10）图形，作为栅栏。

17. 按 **Ctrl+I** 键，将附盘中"图库\第 05 讲"目录下名为"小鸭子.cdr"的文件导入，调整至合适的大小后放置到如图 5-136 所示的位置，完成插画的绘制。

图5-134 复制出的花图形

图5-135　绘制的图形

图5-136　小鸭子图形放置的位置

18. 按 Ctrl+S 键，将此文件命名为"插画.cdr"保存。

5.5　课后作业

1. 灵活运用【交互式透明】工具和【交互式变形】工具绘制出如图 5-137 所示的盘子，操作动画参见光盘中的"操作动画\第 05 讲\盘子.avi"文件。

2. 综合运用各种交互式工具绘制出如图 5-138 所示的插画。

图5-137　绘制的盘子

图5-138　绘制的插画

文本和表格工具

本讲主要介绍文字工具和表格工具的使用方法，包括文字的输入、文字属性的设置、美术文本和段落文本的编排方法、特殊艺术文字的制作方法以及表格的绘制等。在平面设计中，文字的运用非常重要，大部分作品都需要通过文字内容来说明主题，希望读者能认真学习本讲的内容。本讲课时为 8 小时。

学习目标

- 了解安装系统外字体的方法。
- 掌握美术文本的输入方法与编辑。
- 掌握段落文本的输入方法与编辑。
- 掌握沿路径排列文本的输入方法与编辑。
- 掌握文本绕图的设置。
- 掌握添加项目符号的方法。
- 熟悉制表位、栏、首字下沉等选项的设置。
- 掌握绘制表格的方法。

6.1 系统外字体的安装方法

在平面设计中，只用 Windows 系统自带的字体，很难满足设计需要，因此需要在 Windows 系统中安装系统外的字体。目前常用的系统外挂字体有"汉仪字体"、"文鼎字体"、"汉鼎字体"和"方正字体"等，读者可以根据需要进行安装后使用。

【步骤提示】

1. 在需要安装的字体上单击鼠标右键，在弹出的右键菜单中选择【复制】命令。
2. 在桌面上双击【我的电脑】图标，在弹出的对话框左侧单击"控制面板"将其展开，再双击右侧的 文件夹，打开【字体】文件夹。
3. 在【字体】文件夹中的空白位置单击鼠标右键，在弹出的右键菜单中选择【粘贴】命令，即可将选择的字体安装到系统中。

> **要点提示** 需要注意的是，在计算机中并不是安装的字体越多越好，够用即可，否则会占用很大的系统内存，影响作图效率。

6.2　文本工具

在 CorelDRAW 中，文本主要分为美术文本和段落文本。

- 美术文本适合于文字应用较少或需要制作特殊文字效果的文件。在输入时，行的长度会随着文字的编辑而增加或缩短，不能自动换行。美术文本的特点是：每行文字都是独立的，方便各行的修改和编辑。
- 当作品中需要编排很多文字时，利用段落文本可以方便、快捷地输入和编排。使用段落文本的好处是文字能够自动换行，并能够迅速为文字增加制表位和项目符号等。

6.2.1　功能讲解

下面主要讲解美术文本和段落文本的输入方法及属性设置。

一、美术文本

输入美术文本的具体操作为：选择 字 工具（快捷键为 F8），在绘图窗口中的任意位置单击，插入文本输入光标，然后在 Windows 界面右下角的 CH 按钮上单击，在弹出的输入法菜单中选择一种输入法，即可输入需要的文字。当需要另起一行输入文字时，必须按 Enter 键新起一行。

> **要点提示** 按 Ctrl+Shift 键，可以在 Windows 系统安装的输入法之间进行切换；按 Ctrl+空格键，可以在当前使用的输入法与英文输入法之间进行切换；当处于英文输入状态时，按 Caps Lock 键或按住 Shift 键输入，可以切换字母的大小写。

【文本】工具 字 的属性栏如图 6-1 所示。

图6-1　【文本】工具的属性栏

- 【字体列表】 *O* Arial ▼ ：在此下拉列表中可选择需要的文字字体。
- 【字体大小列表】 24 pt ▼ ：在此下拉列表中可选择需要的文字字号。当列表中没有需要的文字大小时，在文本框中直接输入需要的文字大小即可。
- 【粗体】按钮 B ：激活此按钮，可以将选择的文本加粗显示。
- 【斜体】按钮 *I* ：激活此按钮，可以将选择的文本倾斜显示。

> **要点提示** 【粗体】按钮 B 和【斜体】按钮 *I* 只适用于部分英文字体，即只有选择支持加粗和倾斜字体的文本时，这两个按钮才可用。

- 【下划线】按钮 U ：激活此按钮，可以在选择的横排文字下方或竖排文字左侧添加下划线，线和文字的颜色相同。
- 【水平对齐】按钮 ：单击此按钮，可在弹出的【对齐】选项面板中设置文字的对齐方式，包括左对齐、居中对齐、右对齐、两端对齐和强制对齐。

- 【字符格式化】按钮：单击此按钮（快捷键为 Ctrl+T），将弹出如图 6-2 所示的【字符格式化】泊坞窗；在此泊坞窗中可以对文本的字体、字号、对齐方式、字符效果和字符偏移等选项进行设置。

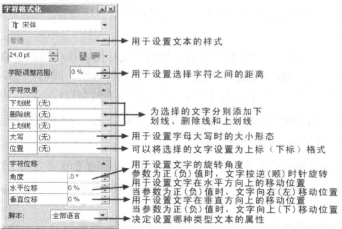

图6-2　【字符格式化】泊坞窗

- 【编辑文本】按钮：单击此按钮（快捷键为 Ctrl+Shift+T），将弹出如图 6-3 所示的【编辑文本】对话框；在此对话框中可对文本进行编辑，包括字体、字号、对齐方式、文本格式、查找替换和拼写检查等。

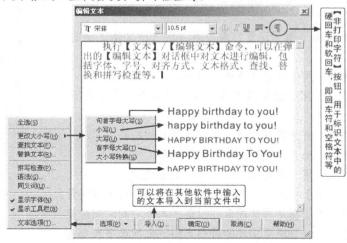

图6-3　【编辑文本】对话框

- 【水平排列文本】按钮和【垂直排列文本】按钮：用于改变文本的排列方向。单击按钮，可将垂直排列的文本变为水平排列；单击按钮，可将水平排列的文本变为垂直排列。

二、 选择文本

在设置文字的属性之前，必须先将需要设置属性的文字选择。选择 字 工具，将鼠标指针移动到要选择文字的前面单击，定位插入点，然后在插入点位置按住鼠标左键拖曳，拖曳至要选择文字的右侧时释放，即可选择一个或多个文字。

除以上选择文字的方法外，还有以下几种方法。

- 按住 Shift 键的同时，按键盘上的 → （右箭头）键或 ← （左箭头）键。
- 在文本中要选择字符的起点位置单击，然后按住 Shift 键并移动鼠标指针至选择字符的终点位置单击，可选择某个范围内的字符。
- 利用 ▣ 工具，单击输入的文本可将该文本中的所有文字选择。

三、 段落文本

输入段落文本的具体操作为：选择 字 工具，然后将鼠标指针移动到需要输入文字的位置，按住鼠标左键拖曳，绘制一个段落文本框，再选择一种合适的输入法，即可在绘制的段落文本框中输入文字。在输入文字的过程中，当输入的文字至文本框的边界时会自行换行，无须手动调整。

零点提示 段落文字与美术文字最大的不同点就是段落文字是在文本框中输入。即在输入文字之前，首先根据要输入文字的多少，制定一个文本框，然后再进行文字的输入。

执行【文本】/【段落格式化】命令，将弹出如图 6-4 所示的【段落格式化】泊坞窗。

- 【水平】选项：用于设置所选文本在段落文本框中水平方向上的对齐方式。
- 【垂直】选项：用于设置所选文本在段落文本框中垂直方向上的对齐方式。
- 【%字符高度】选项：用于设置段落与段落或行与行间距的单位。
- 【段落前】选项：用于设置当前段落与前一段文本之间的距离。
- 【段落后】选项：用于设置当前段落与后一段文本之间的距离。
- 【行距】选项：用于设置文本中行与行之间的距离。
- 【语言】选项：用于设置数字或英文字母与中文文字之间的距离。
- 【字符】选项：用于设置所选文本中字符间的距离。
- 【单词】选项：用于设置英文单词间的间距。
- 【首行】选项：用于指定所选段落首行的缩进量。
- 【左】选项：用于指定所选段落除首行外其他各行的缩进量。
- 【右】选项：用于指定所选段落到段落文本框右侧的缩进量。
- 【方向】选项：设置段落文本的排列方向，包括水平和垂直。

图6-4 【段落格式化】泊坞窗

四、 显示文本框中隐藏的文字

当在文本框中输入了太多的文字，超过了文本框的边界时，文本框下方位置的 口 符号将显示为 ▣ 符号。将文本框中隐藏的文字完全显示的方法主要有以下几种。

- 将鼠标指针放置到文本框的任意一个控制点上，按住鼠标左键并向外拖曳，调整文本框的大小，即可将隐藏的文字全部显示。
- 单击文本框下方的 ▣ 符号，此时鼠标指针将显示为 ▤ 图标，将鼠标指针移动到合适的位置后，单击或拖曳鼠标指针绘制一个文本框，此时绘制的文本框中将显示超出了第一个文本框大小的那些文字，并在两个文本框之间显示蓝色的连接线。

- 重新设置文本的字号或执行【文本】/【段落文本框】/【文本适合框架】命令，也可将文本框中隐藏的文字全部显示。

 利用【文本适合框架】命令显示隐藏的文字时，文本框的大小并没有改变，而是文字的大小发生了变化。

五、 文本框的设置

文本框分为固定文本框和可变文本框两种，系统默认的为固定文本框。当使用固定文本框时，绘制的文本框大小决定了在文本框中能输入文字的多少，这种文本框一般应用于有区域限制的图像文件中。当使用可变文本框时，文本框的大小会随输入文字的多少而随时改变，这种文本框一般应用于没有区域限制的文件中。

执行【工具】/【选项】命令（快捷键为 Ctrl+J），在弹出的【选项】对话框左侧依次选择【工作区】/【文本】/【段落】命令，然后在右侧的参数设置区中勾选【按文本缩放段落文本框】复选项，单击 确定(O) 按钮，即可将固定文本框设置为可变文本框。

六、 文本工具默认属性设置

当大多数文字需要使用相同的格式时，设置【文本】工具的默认属性可以大大提高工作效率。首先取消对任何图形或文字的选择，然后选择 字 工具，并设置属性栏中的某一选项，如设置字体或字号大小，将弹出如图 6-5 所示的【文本属性】对话框。

- 【艺术效果】选项：勾选此复选项，设置的文本属性将只应用于美术文本。
- 【段落文本】选项：勾选此复选项，设置的文本属性将只应用于段落文本。
- 如同时勾选这两个复选项，设置的文本属性将同时应用于美术文本和段落文本。

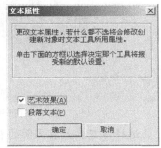

图6-5 【文本属性】对话框

在【文本属性】对话框中，设置好想要应用属性的文本类型，然后单击 确定 按钮，即可结束文本默认属性的设置。更改了文本的默认属性后，在以后输入文字的过程中文本将应用设置好的属性。

6.2.2 范例解析——设计化妆品广告

灵活运用【文本】工具 字 设计出如图 6-6 所示的化妆品广告。

图6-6 设计的化妆品广告

首先利用【导入】命令将背景图片及用到的图像和标志图形导入，并分别调整大小及位置进行组合，然后利用 字 工具输入文字并分别对其进行调整，即可完成化妆品广告的设计，具体操作方法如下。

1. 新建一个【纸张宽度和高度】选项为 ⊡ 370.0 mm / ⊡ 185.0 mm 的图形文件，然后按 Ctrl+I 键，在弹出的【导入】对话框中，按住 Ctrl 键依次单击 "背景.jpg"、"标志.cdr"、"化妆品.psd" 和 "人物.psd" 文件，将其同时选择。

2. 单击 导入 按钮，将选择的文件依次导入到当前文件中。

3. 选择 "背景" 图片，按 Shift+PageDown 键将其调整至所有图形的下方，然后将图片大小调整为 ⇕ 185.0 mm ，并与页面对齐。

4. 依次调整其他图像的大小及位置，调整后的效果如图 6-7 所示。

5. 利用 ⊾ 工具将 "化妆品" 选择，然后选择 ⊡ 工具，为化妆品图形添加如图 6-8 所示的阴影效果。

图6-7 各图形调整后的大小及位置

图6-8 添加的阴影

6. 选择 字 工具，在画面的右上方输入如图 6-9 所示的黑色文字。

7. 选择 ⊾ 工具，并框选如图 6-10 所示的文字节点，将 "美" 字选择，然后在【调色板】的 "洋红" 色块上单击，将文字的颜色修改为洋红色。

图6-9 输入的文字

图6-10 选择文字状态

8. 利用 ⊾ 工具将 "丽" 字选择，并将其颜色修改为 "酒绿" 色，然后设置属性栏中的各项参数如图 6-11 所示。"丽" 字调整后的形态如图 6-12 所示。

| 汉仪中黑简 | 70.8 pt | | -10 % | -46 % | .0° | | AБc ABC |

图6-11 文字属性设置

9. 用与步骤 8 相同的方法，依次对 "肌" 和 "肤" 字进行调整，最终效果如图 6-13 所示。图中 "肌" 的颜色为橘红色（M:60,Y:100），"肤" 的颜色为紫色（C:20,M:80,K:20）。

图6-12 "丽" 字调整后的形态

图6-13 调整后的文字效果

10. 利用 工具为 "美丽肌肤" 文字添加交互式阴影效果，然后将属性栏中 的参数设置为 "50"， 的参数设置为 "10"，阴影的颜色设置为红色，修改阴影参数后的效果如图 6-14 所示。

11. 用与步骤 6~10 相同的方法，制作出下方的文字效果，如图 6-15 所示。

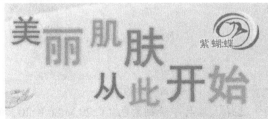

图6-14 添加的阴影效果 　　　　　　　　　　　　 图6-15 制作的文字

12. 继续利用 工具输入如图 6-16 所示的黑色文字，然后为其添加白色的外轮廓。

13. 选择 工具，弹出【轮廓笔】对话框，设置各选项如图 6-17 所示。

图6-16 输入的文字 　　　　　　　　　　　　 图6-17 设置的轮廓选项

14. 单击 确定 按钮，修改轮廓属性后的效果如图 6-18 所示。

图6-18 修改轮廓属性后的效果

15. 按键盘数字区中的 键，将文字在原位置复制，然后将复制出的文字的填充色修改为黄色（Y:100），轮廓色修改为黑色，并在【轮廓笔】对话框中将文字的轮廓宽度改小，效果如图 6-19 所示。

图6-19 复制出的文字

16. 继续利用 工具在黄色文字的下方输入如图 6-20 所示的黑色文字，其轮廓色为白色。

图6-20 输入的文字

17. 将鼠标指针移动到画面的左上方位置，按下鼠标左键并拖曳绘制出如图 6-21 所示的文本框，然后依次输入如图 6-22 所示的黑色文字。

图6-21　绘制的文本框　　　　　　　　　　　　　　图6-22　输入的文字

18. 选择 ▢ 工具，绘制紫色（C:20,M:80,K:20）的小正方形，然后将其在垂直方向上复制，效果如图 6-23 所示。

19. 再次利用 字 工具在画面的右下方输入如图 6-24 所示的黑色文本。

■ 促进代谢，减退皱纹、细纹，保持弹性润泽。

■ 有效改善多粉刺、多油光、暗沉干燥肤质，增强肌肤抗风沙、干冷等外界环境伤害的能力。

咨询热线:(0532)80000000　网址:WWW.ZIHUDIE.com

图6-23　绘制的图形　　　　　　　　　　　　　　图6-24　输入的文本

20. 至此，化妆品广告设计完成，按 Ctrl+S 键，将此文件命名为"化妆品广告.cdr"保存。

6.2.3　课堂实训——设计促销广告

灵活运用【文本】工具 字 设计出如图 6-25 所示的促销广告。

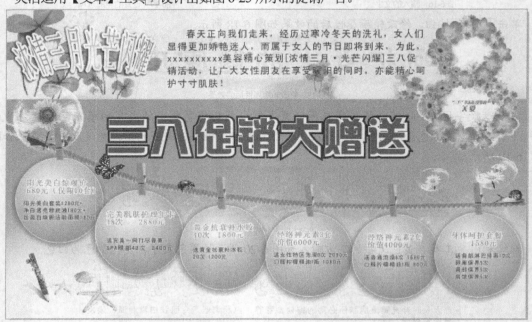

图6-25　设计的促销广告

【步骤提示】

1. 将附盘中"图库\第 06 讲"目录下名为"广告素材.cdr"的文件打开。

2. 利用字工具输入绿色（C:100,Y:100）的"三八促销大赠送"文字，然后利用▦工具为其添加如图 6-26 所示的轮廓图效果。

图6-26 文字添加的轮廓效果

3. 依次按 Ctrl+K 键和 Ctrl+U 键，将轮廓图打散并解组，然后将中间图形的颜色修改为白色。

4. 利用○工具及移动复制操作依次绘制出如图 6-27 所示的图形，注意图形堆叠顺序的调整。图形填充的渐变色参数如图 6-28 所示。

图6-27 绘制及复制出的图形

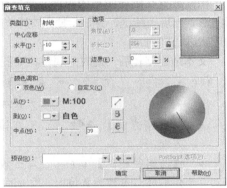

图6-28 设置的渐变颜色

5. 继续利用字工具输入如图 6-29 所示的文字，其填充色为【从】洋红色（M:100）、【到】黄色（Y:100）的射线渐变，轮廓色为白色，然后利用▨工具将其调整至如图 6-30 所示的形态。

图6-29 输入的文字

图6-30 变形后的形态

6. 利用字工具依次输入其他相关文字，即可完成促销广告的设计。

6.3 文本菜单

本节主要来讲解各种文本菜单命令，包括沿路径排列文本，文本绕图及设置制表位、栏、项目符号、首字下沉、断行规则和【插入字符】命令的运用。

6.3.1 功能讲解

下面分别来讲解沿路径排列文本的输入方法、文本绕图设置及常用的文本菜单命令。

一、沿路径排列文本

当需要将文字沿特定的框架进行编辑时，可以采用文本适配路径或适配图形的方法进行编辑。文本适配路径命令是将所输入的美术文本按指定的路径进行编辑处理，使其达到意想不到的艺术效果。沿路径输入文本时，系统会根据路径的形状自动排列文本，使用的路径可以是闭合的图形也可以是未闭合的曲线。其优点在于文字可以按任意形状排列，并且可以轻松地制作各种文本排列的艺术效果。

输入沿路径排列的文本的具体操作为：首先利用绘图或线形工具绘制出闭合或开放的图形，作为路径。然后选择 字 工具，将鼠标指针移动到路径的外轮廓上，当鼠标指针显示为 I 形状时，单击插入文本光标，依次输入需要的文本，此时输入的文本即可沿图形或线形的外轮廓排列；如将鼠标指针放置在闭合图形的内部，当鼠标指针显示为 I 形状时单击，此时图形内部将根据闭合图形的形状出现虚线框，并显示插入文本光标，依次输入需要的文本，所输入的文本即以图形外轮廓的形状进行排列。

文本适配路径后，此时的属性栏如图 6-31 所示。

图6-31 文本适配路径时的属性栏

- 【文字方向】 **ABC** ▾：可在该下拉列表中设置适配路径后的文字相对于路径的方向。
- 【与路径距离】 .0 mm：设置文本与路径之间的距离。参数为正值时，文本向外扩展；参数为负值时，文本向内收缩。
- 【水平偏移】 9.477 mm：设置文本在路径上偏移的位置。数值为正值时，文本按顺时针方向旋转偏移；数值为负值时，文本按逆时针方向旋转偏移。
- 【镜像文本】选项：对文本进行镜像设置，单击 按钮，可使文本在水平方向上镜像；单击 按钮，可使文本在垂直方向上镜像。
- 【贴齐标记】选项：如果设置了此选项，在调整路径中的文本与路径之间的距离时，会按照设置的【标记距离】参数自动捕捉文本与路径之间的距离。

二、文本绕图

在 CorelDRAW 中可以将段落文本围绕图形进行排列，使画面更加美观。段落文本围绕图形排列称为文本绕图。

设置文本绕图的具体操作为：利用 字 工具输入段落文本，然后绘制任意图形或导入位图图像，将图形或图像放置在段落文本上，使其与段落文本有重叠的区域，然后单击属性栏中的 按钮，系统将弹出如图 6-32 所示的【绕图样式】选项面板。

- 文本绕图主要有两种方式，一种是围绕图形的轮廓进行排列；另一种是围绕图形的边界框进行排列。在【轮廓图】和【方角】栏中单击任一选项，即可设置文本绕图效果。
- 在【文本换行偏移】下方的文本框中输入数值，可以设置段落文本与图形之间的间距。

- 如要取消文本绕图，可单击【换行样式】选项面板中的【无】选项。

选择不同文本绕图样式后的效果如图 6-33 所示。

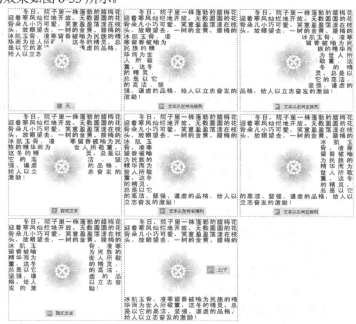

图6-32 【绕图样式】选项面板

图6-33 选择不同文本绕图样式后的文本效果

三、文本菜单

下面主要来讲解【文本】菜单中的常用命令，包括【制表位】、【栏】、【项目符号】、【首字下沉】、【断行规则】和【插入字符】命令。

(1) 【制表位】命令。

设置制表位的目的是为了保证段落文本按照某种方式进行对齐，以使整个文本井然有序。此功能主要用于制作日历类的日期对齐排列及索引目录等。执行【文本】/【制表位】命令，将弹出如图 6-34 所示的【制表位设置】对话框。

图6-34 【制表位设置】对话框

要点提示 要使用此功能进行对齐的文本，每个对象之间必须先使用 Tab 键进行分隔，即在每个对象之前加入 Tab 空格。

- 【制表位位置】选项：用于设置添加制表位的位置。此数值是在最后一个制表位的基础上而设置的。单击右侧的 添加(A) 按钮，可将此位置添加至制表位窗口的底部。
- 移除(R) 按钮：单击此按钮，可以将选择的制表位删除。
- 全部移除(E) 按钮：单击此按钮，可以删除制表位列表中的全部制表位。
- 前导符选项(L)... 按钮：单击此按钮，将弹出【前导符设置】对话框，在此对话框中可选择制表位间显示的符号，并能设置各符号间的距离。
- 【预览】选项：勾选此复选项，在【制表位设置】对话框中的设置可随时在绘图窗口中显示。

- 在制表位列表中制表位的参数上单击，当参数高亮显示时，输入新的数值，可以改变该制表位的位置。
- 在【对齐】列表中单击，当出现▼按钮时再单击，可以在弹出的下拉列表中改变该制表位的对齐方式，包括"左对齐"、"右对齐"、"居中对齐"和"小数点对齐"。

(2)【栏】命令。

当编辑有大量文字的文件时，通过对【栏】命令的设置，可以使排列的文字更容易阅读，看起来也更加美观。执行【文本】/【栏】命令，将弹出如图6-35所示的【栏设置】对话框。

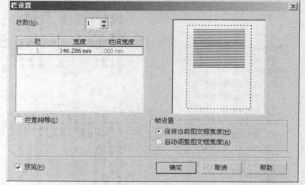

- 【栏数】选项：设置段落文本的分栏数目。在下方的列表中显示了分栏后的栏宽和栏间距。当【栏宽相等】复选项不被勾选时，在【宽度】和【栏间宽度】中单击，可以设置不同的栏宽和栏间宽度。

- 【栏宽相等】选项：勾选此复选项，可以使分栏后的栏和栏之间的距离相同。

图6-35 【栏设置】对话框

- 【保持当前图文框宽度】选项：点选此单选项，可以保持分栏后文本框的宽度不变。
- 【自动调整图文框宽度】选项：点选此单选项，当对段落文本进行分栏时，系统可以根据设置的栏宽自动调整文本框宽度。

(3)【项目符号】命令。

在段落文本中添加项目符号，可以将一些没有顺序的段落文本内容排成统一的风格，使版面的排列井然有序。执行【文本】/【项目符号】命令，将弹出如图6-36所示的【项目符号】对话框。

- 【使用项目符号】命令：勾选此复选项，即可在选择的段落文本中添加项目符号，且下方的各选项才可用。

- 【字体】选项：设置选择项目符号的字体。随着字体的改变，当前选择的项目符号也将随之改变。

- 【符号】选项：单击右侧的倒三角按钮，可以在弹出的【项目符号】选项面板中选择想要添加的项目符号。

图6-36 【项目符号】对话框

- 【大小】选项：设置选择项目符号的大小。

- 【基线位移】选项：设置项目符号在垂直方向上的偏移量。参数为正值时，项目符号向上偏移；参数为负值时，项目符号向下偏移。

- 【项目符号的列表使用悬挂式缩进】选项：勾选此复选项，添加的项目符号将在整个段落文本中悬挂式缩进。不勾选与勾选此复选项时的项目符号如图6-37所示。

图6-37　不勾选与勾选【项目符号的列表使用悬挂式缩进】复选项时的效果对比

(4)　【首字下沉】命令。

首字下沉可以将段落文本中每一段文字的第一个字母或文字放大并嵌入文本。执行【文本】/【首字下沉】命令，将弹出如图6-38所示的【首字下沉】对话框。

- 【使用首字下沉】命令：勾选此复选项，即可在选择的段落文本中添加首字下沉效果，且下方的各选项才可用。
- 【下沉行数】选项：设置首字下沉的行数，设置范围在"2～10"之间。
- 【首字下沉后的空格】选项：设置下沉文字与主体文字之间的距离。
- 【首字下沉使用悬挂式缩进】选项：勾选此复选项，首字下沉效果将在整个段落文本中悬挂式缩进。不勾选与勾选此复选项时的项目符号如图6-39所示。

图6-38　【首字下沉】对话框　　　　　图6-39　不勾选与勾选【首字下沉使用悬挂式缩进】时的效果对比

(5)　【断行规则】命令。

执行【文本】/【断行规则】命令，弹出的【亚洲断行规则】对话框如图6-40所示。

- 【前导字符】选项：勾选此复选项，将确保不在选项文本框中的任何字符之后断行。
- 【下随字符】选项：勾选此复选项，将确保不在选项文本框中的任何字符之前断行。
- 【字符溢值】选项：勾选此复选项，将允许选项文本框中的字符延伸到行边距之外。

　【前导字符】是指不能出现在行尾的字符；【下随字符】是指不能出现在行首的字符；【字符溢值】是指不能换行的字符，它可以延伸到右侧页边距或底部页边距之外。

- 在相应的选项文本框中，可以自行键入或移除字符，当要恢复以前的字符设置时，可单击右侧的 重置(S) 按钮。

(6)　【插入符号字符】命令。

利用【插入符号字符】命令可以将系统已经定义好的符号或图形插入到当前文件中。

执行【文本】/【插入符号字符】命令（快捷键为 Ctrl+F11 ），弹出如图6-41所示的【插入字符】泊坞窗，选择好【代码页】及【字体】选项，然后拖曳下方符号选项窗口右侧的滑块，当出现需要的符号时释放鼠标，单击需要的符号，并在【字符大小】文本框中设置插入符号的大小，单击 插入(I) 按钮或在选择的符号上双击，即可将选择的符号插入到绘图窗口的中心位置。

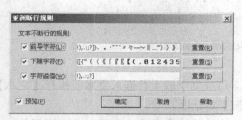

图6-40 【亚洲断行规则】对话框

图6-41 【插入字符】泊坞窗

要点提示 在【键击】文本框中直接输入符号的序号，也可选择指定的符号。在选择的符号上按下鼠标左键并向绘图窗口中拖曳，可将选择的符号插入到绘图窗口中的任意位置。

6.3.2 范例解析——制作桌面月历壁纸

灵活运用【制表位】命令制作出如图 6-42 所示的桌面月历壁纸。

首先利用【制表位】命令制作出月历效果，然后导入背景图，即可完成壁纸效果的制作。具体操作方法如下。

1. 新建一个图形文件，然后选择 字 工具，在绘图窗口中按住鼠标左键并拖曳，绘制一个段落文本框，并依次输入如图 6-43 所示的段落文本。

图6-42 制作的桌面月历壁纸

要点提示 此处绘制的段落文本框最好大一点，因为在下面的操作过程中，要对文字的字符和行间距进行调整，如果文本框不够大，输入的文本将无法全部显示。

2. 将文字输入光标分别放置到每个数字的左侧，按 Tab 键在每个数字左侧输入一个 Tab 空格，效果如图 6-44 所示。

图6-43 输入的段落文本

图6-44 调整后数字的排列形态

3. 执行【文本】/【制表位】命令，在弹出的【制表位设置】对话框中单击 全部移除(E) 按钮，再将【制表位位置】的值设置为"15mm"，然后连接单击 7 次 添加(A) 按钮，此时的形态如图 6-45 所示。

4. 在"15mm"制表位右侧的对齐栏中单击，出现一个倒三角按钮 ▾，单击此按钮，在弹出的对齐选项列表中选择【中】选项，然后用相同的方法将其他位置的对齐方式均设置为"中对齐"，如图 6-46 所示。

图6-45 设置制表位位置后的对话框形态

图6-46 将对齐方式设置为"中对齐"

5. 单击 确定 按钮，设置制表位后的段落文本如图 6-47 所示。

6. 选择 工具，在文本框左下方的 ᆕ 符号上按下鼠标左键向下拖曳，增大文字之间的行间距，效果如图 6-48 所示。

7. 选择 字 工具，在数字"1"左侧单击，插入输入光标，然后连续按 3 次 Tab 键，将第一行文字向右移动 3 个制表位，效果如图 6-49 所示。

8. 再次选择 工具，并框选如图 6-50 所示的文本，然后在【调色板】中的"红"颜色上单击，将选择文本的颜色修改为红色。

9. 用与步骤 8 相同的方法，将右侧一列文本的颜色也修改为红色，如图 6-51 所示。

10. 用与步骤 1~9 相同的方法，再制作出阴历的日期，如图 6-52 所示。

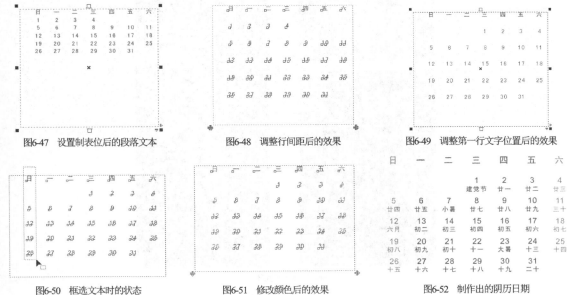

图6-47 设置制表位后的段落文本

图6-48 调整行间距后的效果

图6-49 调整第一行文字位置后的效果

图6-50 框选文本时的状态

图6-51 修改颜色后的效果

图6-52 制作出的阴历日期

11. 按 $\boxed{\text{Ctrl}}$+$\boxed{\text{I}}$ 键，将附盘中"图库\第 06 讲"目录下名为"月历壁纸.jpg"的文件导入，然后按 $\boxed{\text{Shift}}$+$\boxed{\text{PageDown}}$ 键，将其调整至文本的下方。

12. 调整导入图像的大小及位置，使文本正好显示在黄色区域中，如图 6-53 所示。

13. 利用 $\boxed{\text{字}}$ 工具依次输入红色（M:100,Y:100）的"July"字母及黄色（Y:100）的"7"数字，并依次按 $\boxed{\text{Ctrl}}$+$\boxed{\text{PageDown}}$ 键，将数字"7"调整至日期的下方，如图 6-54 所示。

图6-53 图像调整后的大小及位置   图6-54 输入的字母及数字

14. 至此，桌面月历壁纸制作完成，按 $\boxed{\text{Ctrl}}$+$\boxed{\text{S}}$ 键，将此文件命名为"壁纸.cdr"保存。

6.3.3 课堂实训——设计宣传卡

利用 $\boxed{\text{字}}$ 工具及【项目符号】命令设计出如图 6-55 所示的宣传卡。

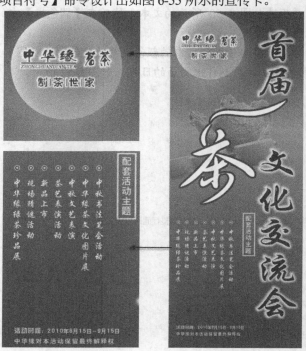

图6-55 设计的宣传卡

【步骤提示】

1. 新建图形文件，利用□工具绘制矩形，并为其填充渐变色，然后将附盘中"图库\第 06 讲"目录下名为"茶壶.psd"的文件导入，调整大小及位置后添加标准的交互式透明效果。

2. 利用字工具输入如图 6-56 所示的白色"茶"字，字体为"方正黄草简体"，然后按 Ctrl+Q 键，将其转换为曲线。

3. 选择 工具，框选如图 6-57 所示的节点，然后按 Delete 键，将选择的笔划删除，再将剩余的笔划调整至如图 6-58 所示的形态。

图6-56 输入的文字　　　　　　　　　图6-57 框选的节点　　　　　　　　　图6-58 调整后的形态

4. 利用 和 工具绘制出如图 6-59 所示的图形，然后将白色图形全部选择并群组。

5. 将群组文字在原位置复制，然后为下方文字添加紫色（C:50,M:100,Y:100,K:50）的外轮廓。

6. 依次输入其他文字，并利用□工具为部分文字添加发光效果。

7. 选择左下方的竖向段落文字，然后利用【文本】/【项目符号】命令为其添加项目符号，在弹出的【项目符号】对话框中设置各项参数如图 6-60 所示，最终效果如图 6-55 所示。

图6-59 绘制的图形　　　　　　　　　　　　　图6-60 设置的项目符号选项

6.4　表格工具

　　【表格】工具■是 CorelDRAW X4 中的新增工具，用于在图像文件中添加表格图形。

6.4.1　功能讲解

　　【表格】工具的使用方法非常简单：选择■工具，在绘图窗口中拖曳鼠标指针，即可绘制出表格。绘制后还可在属性栏中修改表格的行数、列数并能进行单元格的合并和拆分等。

一、【表格】工具的属性栏

【表格】工具的属性栏如图 6-61 所示。

图6-61 【表格】工具的属性栏

- 【表格中的行数和列数】选项：用于设置绘制表格的行数和列数。
- 【为表格选择背景色或取消选择背景色】选项 背景：：单击 按钮，可在弹出的列表中选择颜色，以为选择的表格添加背景色。当选择 图标时，将取消背景色。
- 【编辑填充】按钮：当为表格添加背景色后，此按钮才可用，单击此按钮可在弹出的【均匀填充】对话框中编辑颜色。
- 【边框】选项 边框：：单击 按钮，将弹出如图 6-62 所示的边框选项，用于选择表格的边框。
- 【选择轮廓宽度或键入新宽度】选项：用于设置边框的宽度。
- 【边框颜色】色块：单击色块，可在弹出的颜色列表中选择边框的颜色。
- 【"轮廓笔"对话框】按钮：单击此按钮，将弹出【轮廓笔】对话框，用于设置边框轮廓的其他属性，如将边框设置为虚线等。
- 选项 按钮：单击此按钮将弹出如图 6-63 所示的【选项】面板，用于设置单元格的属性。

图6-62 边框选项

图6-63 【选项】面板

二、选择单元格

选择单元格的具体操作为：确认绘制的表格图形处于选择状态，且选择 工具，将鼠标指针移动到要选择的单元格中，当鼠标指针显示为 形状时单击，即可将该单元格选择；如鼠标指针显示为 形状时拖曳，可将鼠标指针经过的单元格按行、按列选择。

- 将鼠标指针移动到表格的左侧，当鼠标指针显示为 形状时单击，可将当前行选择，如按下鼠标左键上下拖曳，可将相临的行选择。
- 将鼠标指针移动到表格的上方，当鼠标指针显示为 形状时单击，可将当前列选择，如按下鼠标左键左右拖曳，可将相临的列选择。

要点提示 将鼠标指针放置到表格图形的任意边线上，当鼠标指针显示为 或 形状时按下鼠标左键并拖曳，可调整整行或整列单元格的高度或宽度。

当选择单元格后，【表格】工具的属性栏如图 6-64 所示。

图6-64 【表格】工具的属性栏

- 页边距 ▾ 按钮：单击此按钮将弹出设置页边距面板，用于设置表格中文字距当前单元格的距离。单击其中的 🔒 按钮使其显示为 🔒 状态，可分别在各文本框中输入不同的数值，以设置不同的页边距。

- 【将选定的单元格合并为一个单元格】按钮 🔲：单击此按钮，可将选择的单元格合并为一个单元格。

- 【将选定单元格水平拆分为特定数目的单元格】按钮 🔲：单击此按钮，可弹出【拆分单元格】对话框，设置数值后单击 确定 按钮，可将选择的单元格按设置的行数拆分。

- 【将选定单元格垂直拆分为特定数目的单元格】按钮 🔲：单击此按钮，可弹出【拆分单元格】对话框，设置数值后单击 确定 按钮，可将选择的单元格按设置的列数拆分。

- 【将选定的单元格拆分为其合并之前的状态】按钮 🔲：只有选择利用 🔲 按钮合并过的单元格，此按钮才可用。单击此按钮，可将当前单元格还原为没合并之前的状态。

6.4.2 范例解析——绘制表格

灵活运用【表格】工具 🔲 绘制出如图 6-65 所示的个人简历表格。

姓 名		性 别		民 族	
出生年月		籍 贯		政治面貌	
身份证号		参加工作时间			
学 历		学 位		职 称	
工作单位				职 务	
何时何地受过何种奖励					

图6-65 绘制的个人简历表格

首先利用 🔲 工具绘制表格，然后对其进行编辑调整使其符合要求的表格样式，再输入文字并进行编排，即可完成表格的绘制，具体操作方法如下。

1. 新建一个图形文件，然后选择 🔲 工具，并设置属性栏中 🔲 的参数分别为 "6" 和 "7"。

2. 在页面打印区中拖曳鼠标指针，绘制出如图 6-66 所示的表格图形。

3. 确认属性栏中【边框】选项右侧的按钮为 🔲 按钮，然后将右侧 .75 mm ▾ 选项设置为 "0.75mm"，即将表格边框的宽度设置为 0.75mm。

4. 单击 🔲 按钮，在弹出的列表中选择 🔲 按钮，然后将右侧 .5 mm ▾ 选项设置为 "0.5mm"，即将表格内线形的宽度设置为 0.5mm。

5. 将鼠标指针移动到表格自左向右的第 3 条边线上，当鼠标指针显示为 ↔ 形状时按下鼠标左键并向左拖曳，状态如图 6-67 所示。

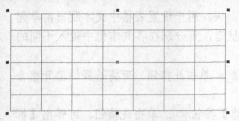

图6-66 绘制的表格　　　　　　　　　　　　　　　图6-67 调整边线时的状态

6. 至合适位置后释放鼠标左键，调整单元格大小后的效果如图 6-68 所示。

7. 用与步骤 5～6 相同的方法，分别对其他竖向的边线进行调整，如图 6-69 所示。

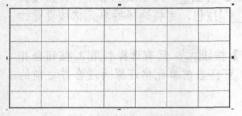

图6-68 移动边线后的效果　　　　　　　　　　　　图6-69 调整各边线后的效果

8. 将鼠标指针移动到表格自下向上的第 2 条边线上，当鼠标指针显示为 ‡ 形状时按下鼠标左键并向上拖曳，状态如图 6-70 所示。

9. 释放鼠标左键后，将鼠标指针移动到左上角的单元格中，当鼠标指针显示为 ⊕ 形状时按下鼠标左键并向右下方拖曳，将如图 6-71 所示的单元格选择。

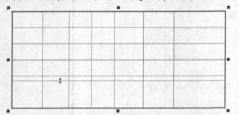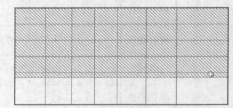

图6-70 边线调整后的位置　　　　　　　　　　　　图6-71 选择的单元格

10. 在选择的单元格上单击鼠标右键，在弹出的右键菜单中依次选择【分布】/【行均分】命令，将选择的单元格各行均匀分布，效果如图 6-72 所示。

11. 利用 ▦ 工具再将如图 6-73 所示的单元格选择。

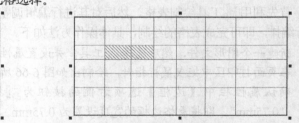

图6-72 各行均匀分布后的效果　　　　　　　　　　图6-73 选择的单元格

12. 在选择的单元格上单击鼠标右键，在弹出的右键菜单中选择【合并单元格】命令，将两个单元格合并为一个单元格，如图 6-74 所示。

13. 用与步骤 11～12 相同的方法，对需要进行合并的单元格进行选择并合并，最终效果如图 6-75 所示。

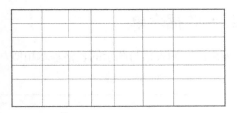

图6-74 合并后的单元格

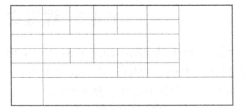

图6-75 各单元格合并后的效果

14. 将鼠标指针移动到左上角的单元格中，当鼠标指针显示为 I 形状时单击，在该单元格中插入文字输入光标，如图 6-76 所示，然后输入"姓名"文字，如图 6-77 所示。

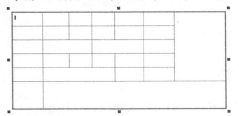

图6-76 插入的文字光标

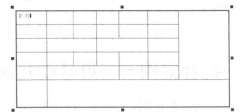

图6-77 输入的文字

15. 用与步骤 14 相同的方法，依次输入如图 6-78 所示的文字。

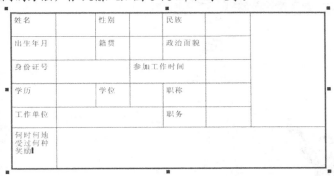

图6-78 输入的文字

16. 选择 ▷ 工具，将整个表格选择，然后执行【文本】/【段落格式化】命令，在弹出的【段落格式化】泊坞窗中，将【水平】和【垂直】选项都设置为"中"，如图 6-79 所示。

17. 调整文字在单元格中对齐方式后的效果如图 6-80 所示。

图6-79 设置的对齐选项

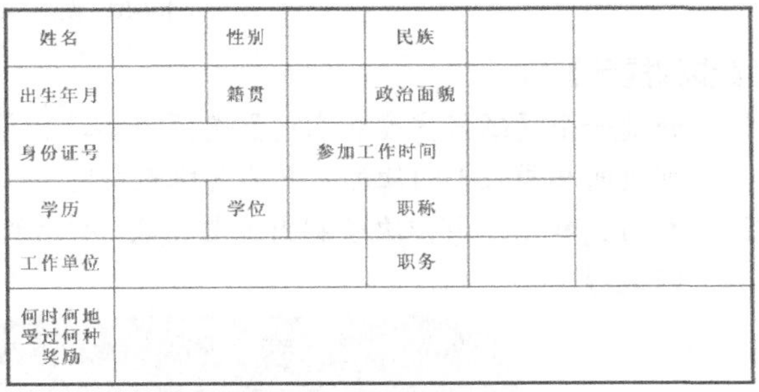

图6-80 调整对齐方式后的效果

18. 至此，表格绘制完成，按 Ctrl+S 键，将此文件命名为"表格绘制.cdr"保存。

6.4.3 课堂实训——绘制收据表单

灵活运用工具绘制出如图 6-81 所示的收据表单。要求绘制的表格与图示的表格基本相似，标题为黑体，大小为 24pt，位于表格上方的中间位置；表格中的文字要求黑体，大小为 12pt，并在单元格中居中显示；外边框线形为实线 0.75mm；内部线形为实线 0.5mm。

订报收据

户名				电话	
详细地址					
报刊名称	订阅份数	月份	价格	备注：	
人民币（大写）	千 佰 拾 元 角 分				

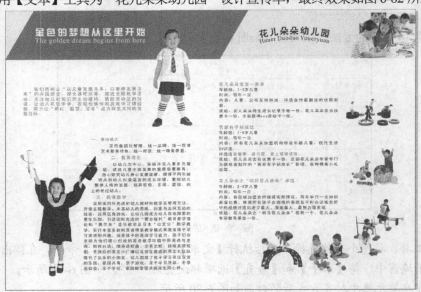

图6-81 绘制的订报收据

【步骤提示】

用与第 6.3.3 小节相同的方法即可绘制出本例的订报收据。

6.5 综合案例——设计幼儿园宣传单

综合运用【文本】工具为“花儿朵朵幼儿园”设计宣传单，最终效果如图 6-82 所示。

图6-82 设计的幼儿园宣传单

【步骤提示】

1. 新建一个【纸张宽度和高度】选项为 376.0 mm 266.0 mm 的图形文件，然后双击□工具，添加一个与当前页面相同大小的矩形，并为其填充白色。
2. 利用□和□工具依次绘制出如图 6-83 所示的黄色（Y:100）矩形和红色（M:100,Y:100）平行四边形。

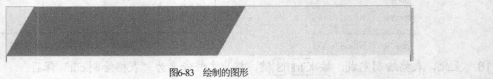

图6-83 绘制的图形

3. 按 Ctrl+I 键，将附盘中 "图库\第 06 讲" 目录下名为 "儿童.psd" 的文件导入，并按 Ctrl+U 键取消群组。

4. 依次选择导入的各图像，调整至合适的大小后，分别放置到如图 6-84 所示的位置。

图6-84 导入图像调整后的大小及位置

5. 选择 字 工具，在画面的左上角位置依次输入如图 6-85 所示的白色文字及字母。

图6-85 输入的白色文字及字母

6. 继续利用 字 工具输入黑色的文字及字母，然后利用 ○ 工具绘制出如图 6-86 所示的椭圆形。

7. 选择黑色文字，执行【文本】/【使文本适合路径】命令，然后将鼠标指针移动到椭圆形上，状态如图 6-87 所示。

图6-86 输入的文字及绘制的椭圆形　　　　　　　　　　图6-87 文本适合路径状态

8. 单击即可将文本沿路径排列，如图 6-88 所示。

9. 选择黑色的英文字母，执行【文本】/【使文本适合路径】命令，然后将鼠标指针再次移动到椭圆形上，状态如图 6-89 所示，单击即可将文本沿路径排列，如图 6-90 所示。

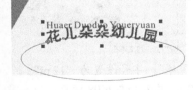

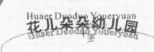

图6-88 沿路径排列的文本　　　　　图6-89 文本适合路径状态　　　　　图6-90 沿路径排列后的效果

10. 将鼠标指针移动到黑色字母左下方的红色控制点上，按下鼠标左键并向下拖曳，调整文本与路径间的距离，状态如图 6-91 所示。

11. 至合适位置后单击，调整字母与路径距离后的效果如图 6-92 所示。

12. 利用 工具选择椭圆形，然后将其外轮廓色设置为无，制作的沿路径排列文本如图 6-93 所示。

图6-91 拖曳鼠标指针时的状态　　　　图6-92 调整位置后的效果　　　　图6-93 制作的沿路径排列文本

13. 选择 字 工具，在画面的左上方绘制出如图 6-94 所示的段落文本框。

14. 按 Ctrl+I 键，将附盘中 "图库\第 06 讲" 目录下名为 "文案.doc" 的文件导入，在弹出的【导入/粘贴文本】对话框中，直接单击 确定(O) 按钮，即可将文本导入到当前文本框中，如图 6-95 所示。

图6-94 绘制的段落文本框　　　　　　　　　图6-95 导入的文本

15. 将鼠标指针移动到文本框下方的 位置单击，然后在该文本框的右下方位置再绘制一个文本框，如图 6-96 所示。

16. 用与步骤 15 相同的方法，在右侧画面中再绘制出如图 6-97 所示的文本框，将导入的文本全部显示。

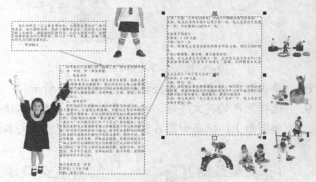

图6-96 绘制的文本框　　　　　　　　　图6-97 再次绘制的文本框

17. 利用 工具选择左上方的文本框，然后将文本的字体设置为 "黑体"，字号设置为 "12 pt"。

18. 利用 字 工具选择部分文字，将其颜色设置为红色（M:100,Y:100），效果如图 6-98 所示。

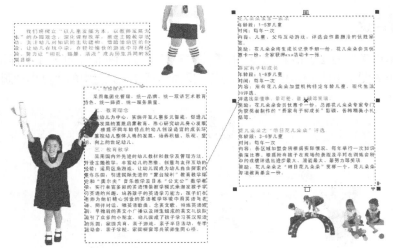

图6-98　修改文本属性后的效果

19. 利用 ⬚ 工具选择左下方的儿童，然后单击属性栏中的 ⬚ 按钮，在弹出的列表中选择 ⬚ 按钮，设置文本绕图效果，如图 6-99 所示。

20. 选择 ⬚ 工具，将鼠标指针移动到如图 6-100 所示的位置双击，在此处添加一个控制点。

图6-99　设置文本绕图后的效果

图6-100　添加的控制点

21. 用与步骤 20 相同的方法再添加一个控制点，然后将其调整至如图 6-101 所示的位置。

22. 用与添加节点并调整节点位置相同的方法，将人物图片的轮廓调整至如图 6-102 所示的形态。

图6-101　添加节点调整后的位置

图6-102　调整后的轮廓形态

23. 至此，幼儿园宣传单设计完成，按 Ctrl+S 键，将此文件命名为"幼儿园宣传单.cdr"保存。

6.6　课后作业

1.　灵活运用本讲学过的【表格】工具⊞、【文本】工具字和前面学过的【图样填充对话框】工具▦绘制出如图 6-103 所示的个性课程表。操作动画参见光盘中的"操作动画\第 06 讲\课程表.avi"文件。

图6-103　绘制的个性课程表

2.　利用【文本】工具及【文本】/【使文本适合路径】命令来设计如图 6-104 所示的手机广告。操作动画参见光盘中的"操作动画\第 06 讲\手机广告.avi"文件。

图6-104　设计的手机广告

第 **7** 讲

常用菜单命令

本讲主要讲解 CorelDRAW X4 中的一些常用菜单命令的功能，主要内容包括标尺、网格和辅助线设置，图形的变换及修整等。本讲课时为 6 小时。

ⓘ 学习目标

- ◆ 掌握标尺、网格和辅助线的设置方法。
- ◆ 掌握辅助线的应用。
- ◆ 掌握各种变换操作。
- ◆ 掌握图形的各种修整操作。

7.1 标尺、网格和辅助线设置

标尺、网格和辅助线是在 CorelDRAW 中绘制图形的辅助工具，在绘制和移动图形过程中，利用这 3 种工具可以帮助用户精确地对图形进行定位和对齐等操作。

7.1.1 功能讲解

下面分别来讲解标尺、网格和辅助线的有关内容。

一、标尺

标尺的用途就是给当前图形一个参照，用于度量图形的尺寸，同时对图形进行辅助定位，使图形的设计更加方便、准确。

(1) 显示与隐藏标尺。

执行【视图】/【标尺】命令，即可将标尺显示。当标尺处于显示状态时，再次执行此命令，即可将其隐藏。

(2) 移动标尺。

- 按住 Shift 键，将鼠标指针移动到水平标尺或垂直标尺上，按下鼠标左键并拖曳，即可移动标尺的位置。
- 按住 Shift 键，将鼠标指针移动到水平标尺和垂直标尺相交的 图标上，按下鼠标左键并拖曳，可以同时移动水平和垂直标尺的位置。

零点提示 当标尺在绘图窗口中移动位置后，按住 Shift 键，双击标尺或水平标尺和垂直标尺相交的 图标，可以恢复标尺在绘图窗口中的默认位置。

(3) 更改标尺的原点。

将鼠标指针移动到水平标尺和垂直标尺相交的 图标上，按下鼠标左键沿对角线向下拖曳。此时，跟随鼠标指针会出现一组十字线，释放鼠标左键后，标尺上的新原点就出现在刚才释放鼠标左键的位置。移动标尺的原点后，双击 图标，可将标尺原点还原到默认位置。

二、网格

网格是由显示在屏幕上的一系列相互交叉的虚线构成的，利用它可以精确地在图形之间、图形与当前页面之间进行定位。

(1) 显示与隐藏网格。

执行【视图】/【网格】命令，即可将网格在绘图窗口中显示，当再次执行此命令，即可将网格隐藏。

(2) 网格的间距设置。

执行【视图】/【设置】/【网格和标尺设置】命令，在弹出的【选项】对话框中选择【频率】选项，可以在其下的【频率】窗口中设置水平和垂直方向上每毫米网格的数量；选择【间距】选项，可以在其下的【间隔】窗口中设置水平和垂直方向上网格之间的距离，单位为"毫米"。参数设置完成后单击 确定(O) 按钮，参数设置就会反映在显示的网格上。

三、辅助线

利用辅助线也可以帮助用户准确地对图形进行定位和对齐。在系统默认状态下，辅助线是浮在整个图形上不可打印的线。

(1) 显示与隐藏辅助线。

执行【视图】/【辅助线】命令，即可将添加的辅助线在绘图窗口中显示，当再次执行此命令，即可将辅助线隐藏。

(2) 添加辅助线。

执行【视图】/【设置】/【辅助线设置】命令，在弹出的【选项】对话框的左侧窗口中选择【水平】或【垂直】选项。在【选项】对话框右侧上方的文本框中输入相应的参数后，单击 添加(A) 按钮，然后再单击 确定(O) 按钮，即可添加一条辅助线。

零点提示 利用以上的方法可以在绘图窗口中精确地添加辅助线。如果不需太精确，可将鼠标指针移动到水平或垂直标尺上，按下鼠标左键并向绘图窗口中拖曳，这样可以快速地在绘图窗口中添加一条水平或垂直的辅助线。

(3) 移动辅助线。

利用 工具在要移动的辅助线上单击，将其选择（此时辅助线显示为红色），当鼠标指针显示为双向箭头时，按下鼠标左键并拖曳，即可移动辅助线的位置。

(4) 旋转辅助线。

将添加的辅助线选择，并在选择的辅助线上再次单击，将出现旋转控制柄，将鼠标指针移动到旋转控制柄上，按下鼠标左键并旋转，可以将添加的辅助线进行旋转。

(5) 删除辅助线。

将需要删除的辅助线选择，然后按 Delete 键；或在需要删除的辅助线上单击鼠标右键，并在弹出的右键菜单中选择【删除】命令，也可将选择的辅助线删除。

7.1.2 范例解析——利用辅助线绘制伞图形

灵活运用辅助线的设置及应用绘制出如图 7-1 所示的伞图形。

首先在页面中添加辅助线，然后绘制八边形作为辅助图形，再根据绘制的图形和添加的辅助线绘制出单个伞盖图形，添加图案后依次旋转复制，即可绘制出伞图形，具体操作方法如下。

1. 新建一个【纸张宽度和高度】选项都为 "200" 的图形文件，然后执行【视图】/【设置】/【辅助线设置】命令，弹出【选项】对话框。

2. 单击左侧列表中的【水平】选项，然后在右侧【水平】选项下方的文本框中输入 "100"，如图 7-2 所示。

图7-1　绘制的伞图形

图7-2　输入的数值

3. 单击 添加(A) 按钮，即可在页面中添加一条水平的辅助线。

4. 在【选项】对话框中，单击左侧列表中的【垂直】选项，然后用与步骤 2～3 相同的方法，在页面中添加一条垂直的辅助线，单击 确定 按钮，添加的辅助线如图 7-3 所示。

5. 选择 工具，设置属性栏中 ◇8 ◆ 的参数为 "8"，然后按住 Shift+Ctrl 键，将鼠标指针移动到辅助线的交点位置，当显示捕捉标记时按下鼠标左键并拖曳，以辅助线的交点为中心绘制出如图 7-4 所示的多边形。

图7-3　添加的辅助线

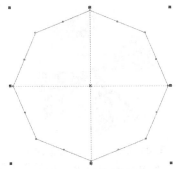

图7-4　绘制的多边形

6. 选择⬚工具，根据绘制的多边形及设置的辅助线，绘制出如图 7-5 所示的三角形，然后利用⬚工具将其调整至如图 7-6 所示的形态，并为其填充天蓝色（C:100,M:20）。

7. 选择⬚工具，激活属性栏中的⬚按钮，然后在属性栏的 新喷涂列表 ▾ 下拉列表中选择"金鱼"样式图形。

8. 将鼠标指针移动到天蓝色图形上拖曳，喷绘出如图 7-7 所示的金鱼图形。

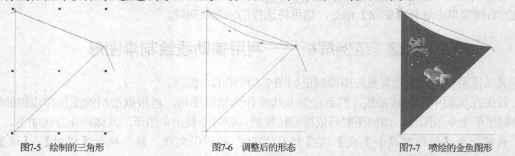

图7-5　绘制的三角形　　　　　图7-6　调整后的形态　　　　　图7-7　喷绘的金鱼图形

9. 将天蓝色图形和金鱼图形同时选择并群组，然后在其上再次单击，并将其旋转中心调整至辅助线的交点位置。

10. 执行【排列】/【变换】/【旋转】命令，在弹出的【变换】泊坞窗中将【角度】设置为"45度"，然后单击 应用到再制 按钮，图形旋转复制后的效果如图 7-8 所示。

11. 依次单击 应用到再制 按钮，重复复制图形，最终效果如图 7-9 所示。

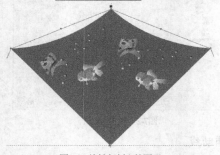

图7-8　旋转复制出的图形　　　　　　　　　　　　　图7-9　重复复制出的图形

12. 按住 Ctrl 键单击最后复制出的天蓝色图形，将天蓝色图形单独选择并将其颜色修改为白色。

13. 用与步骤 12 相同的方法，依次将如图 7-10 所示的图形颜色修改为白色。

14. 利用⬚工具将外侧的八边形选择并按 Delete 键删除，然后利用⬚工具在辅助线的交点位置绘制出如图 7-11 所示的冰蓝色（C:40）圆形。

图7-10　部分图形修改颜色后的效果　　　　　　　　　图7-11　绘制的圆形

15. 至此，伞图形绘制完成，按 Ctrl+S 键，将此文件命名为"伞.cdr"保存。

7.1.3 课堂实训——为宣传单添加裁切线

下面灵活运用【辅助线设置】命令为设计的幼儿园宣传单添加裁切线，如图 7-12 所示。

图7-12 添加的裁切线

【步骤提示】

1. 将附盘中"作品\第07讲"目录下名为"幼儿园宣传单.cdr"的文件打开。

2. 选择最下方的白色矩形，观察其大小为 376.0 mm / 266.0 mm ，由于裁切线的位置最好位于距作品各边缘的 3mm 位置处，因此得出辅助线的位置分别如图 7-13 所示。

图7-13 设置的辅助线位置

3. 选择 工具，根据添加的辅助线绘制裁切线，然后将其依次复制，制作出其他各边和裁切线即可。

7.2 图形变换及修整

图形的变换及修整操作非常简单，且在实际操作过程中经常用到，本节就来详细讲解利用菜单命令对图形进行变换和修整的方法。

7.2.1 功能讲解

下面主要讲解利用【变换】泊坞窗对图形进行变换操作及利用【排列】/【造形】命令对图形进行修整操作。

一、图形的变换

前面对图形进行移动、旋转、缩放和倾斜等操作时，一般都是通过拖曳鼠标指针来实现，但这种方法不能准确地控制图形的位置、大小及角度，调整出的结果不够精确。使用菜单栏中的【排列】/【变换】命令则可以精确地对图形进行上述操作。

(1) 变换图形的位置。

利用【排列】/【变换】/【位置】命令，可以将图形相对于页面可打印区域的原点（0,0）位置移动，还可以相对于图形的当前位置来移动。（0,0）坐标的默认位置是绘图页面的左下角。执行【排列】/【变换】/【位置】命令（或按 Alt+F7 键），将弹出如图 7-14 所示的【变换】泊坞窗。

设置好相应的参数及选项后，单击 [应用] 按钮，即可将选择的图形移动至设置的位置。当单击 [应用到再制] 按钮时，可以将其先复制再移动至设置的位置。

> **要点提示** 如未勾选【相对位置】复选项，【位置】栏下的文本框中将显示选择图形的中心点位置。

(2) 旋转图形。

利用【排列】/【变换】/【旋转】命令，可以精确地旋转图形的角度。在默认状态下，图形是围绕中心来旋转的，但也可以将其设置为围绕特定的坐标或围绕图形的相关点来进行旋转。执行【排列】/【变换】/【旋转】命令（或按 Alt+F8 键），弹出如图 7-15 所示的【变换】泊坞窗。

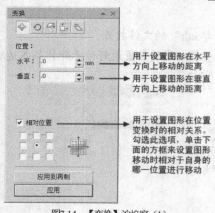

图7-14 【变换】泊坞窗（1）

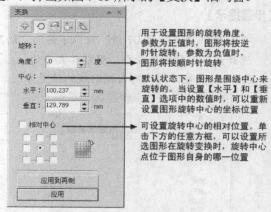

图7-15 【变换】泊坞窗（2）

(3) 缩放和镜像图形。

利用【排列】/【变换】/【比例】命令，可以对选择的图形进行缩放或镜像操作。图形的缩放可以按照设置的比例值来改变大小；图形的镜像可以是水平、垂直或同时在两个方向上来颠倒其外观。执行【排列】/【变换】/【比例】命令（或按 Alt+F9 键），弹出如图 7-16 所示的【变换】泊坞窗。

(4) 调整图形的大小。

菜单栏中的【排列】/【变换】/【大小】命令相当于【排列】/【变换】/【比例】命令，这两种命令都能调整图形的大小，但【比例】命令是利用百分比来调整图形大小的，而【大小】命令是利用特定的度量值来改变图形大小的。执行【排列】/【变换】/【大小】命令（或按 $\boxed{Alt}+\boxed{F10}$ 键），弹出如图7-17所示的【变换】泊坞窗。

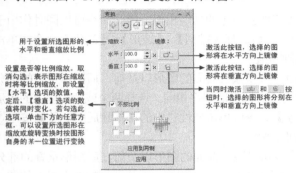

图7-16　【变换】泊坞窗（3）　　　　　　　　图7-17　【变换】泊坞窗（4）

要点提示　在【水平】和【垂直】文本框中输入数值，可以设置所选图形缩放后的宽度和高度。

(5)　倾斜图形。

利用【排列】/【变换】/【倾斜】命令，可以把选择的图形按照设置的度数倾斜。倾斜图形后可以使其产生景深感和速度感。执行【排列】/【变换】/【倾斜】命令，弹出如图7-18所示的【变换】泊坞窗。

在【变换】泊坞窗中，分别单击上方的⊕、◎、⊠、◫或◩按钮，可以切换至各自的对话框。另外，当为选择的图形应用了除【位置】变换外的其他变换后，执行【排列】/【清除变换】命令，可以清除图形应用的所有变形，使其恢复为原来的外观。

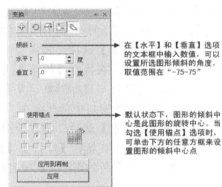

图7-18　【变换】泊坞窗（5）

二、修整图形

利用菜单栏中的【排列】/【造形】命令，可以将选择的多个图形进行焊接或修剪等运算，从而生成新的图形。其子菜单中包括【焊接】、【修剪】、【相交】、【简化】、【移除后面对象】、【移除前面对象】和【造形】7种命令。

(1)　【焊接】命令：利用此命令可以将选择的多个图形焊接为一个整体，相当于多个图形相加运算后得到的图形形态。选择两个或两个以上的图形，然后执行【排列】/【造形】/【焊接】命令或单击属性栏中的【焊接】按钮🔲，即可将选择的图形焊接为一个整体图形。

(2)　【修剪】命令：利用此命令可以将选择的多个图形进行修剪运算，生成相减后的形态。选择两个或两个以上的图形，然后选择【排列】/【造形】/【修剪】命令或单击属性栏中的【修剪】按钮🔲，即可对选择的图形进行修剪运算，产生一个修剪后的图形形状。

(3)　【相交】命令：利用此命令可以将选择的多个图形中未重叠的部分删除，以生成新的图形形状。选择两个或两个以上的图形，然后选择【排列】/【造形】/【相交】命令或单击属性栏中的【相交】按钮🔲，即可对选择的图形进行相交运算，产生一个相交后的图形形状。

利用【焊接】、【修剪】和【相交】命令对选择的图形进行修整处理时，最终图形的属性与选择图形的方式有关。当按住 Shift 键依次单击选择图形时，新图形的属性将与最后选择图形的属性相同；当用框选的方式选择图形时，新图形的属性将与最下面图形的属性相同。

(4) 【简化】命令：此命令的功能与【修剪】命令的功能相似，但此命令可以同时作用于多个重叠的图形。选择两个或两个以上的图形，然后选择【排列】/【造形】/【简化】命令或单击属性栏中的【简化】按钮，即可将选择的图形简化。

(5) 【移除后面对象】命令：利用此命令可以减去后面的图形以及前、后图形重叠的部分，只保留前面图形剩下的部分。新图形的属性与上方图形的属性相同。选择两个或两个以上的图形，然后选择【排列】/【造形】/【移除后面对象】命令或单击属性栏中的【移除后面对象】按钮，即可对选择的图形进行修剪，以生成新的图形形状。

(6) 【移除前面对象】命令：利用此命令可以减去前面的图形以及前、后图形重叠的部分，只保留后面图形剩下的部分。新图形的属性与下方图形的属性相同。选择两个或两个以上的图形，然后选择菜单栏中的【排列】/【造形】/【移除前面对象】命令或单击属性栏中的【移除前面对象】按钮，即可对选择的图形进行修剪，以生成新的图形形状。

(7) 【造形】命令：执行【排列】/【造形】/【造形】命令，将弹出如图 7-19 所示的【造形】泊坞窗。此泊坞窗中的选项与上面讲解的命令相同，只是在利用此泊坞窗执行【焊接】、【修剪】和【相交】命令时，多了【来源对象】和【目标对象】两个选项，设置这两个选项，可以在执行运算时保留来源对象或目标对象。

图7-19 【造形】泊坞窗

- 【来源对象】选项：指在绘图窗口中先选择的图形。勾选此复选项，在执行【焊接】、【修剪】或【相交】命令时，来源对象将与目标对象运算生成一个新的图形，同时来源对象在绘图窗口中仍然存在。

- 【目标对象】选项：指在绘图窗口中后选择的图形。勾选此复选项，在执行【焊接】、【修剪】或【相交】命令时，来源对象将与目标对象运算生成一个新的图形，同时目标对象在绘图窗口中仍然存在。

7.2.2 范例解析——卡片设计

下面主要利用图形的变换操作来绘制如图 7-20 所示的情人节卡片。

首先利用【排列】/【变换】/【旋转】命令制作发射光线效果，导入素材图片后，利用【排列】/【变换】/【比例】命令制作画面中不同颜色的圆形，调整各图形的大小及位置即可完成卡片的制作。具体操作方法如下。

1. 新建一个图形文件，利用 工具绘制矩形，然后为其自上向下填充由蓝色（C:100,M:100）到粉蓝色（C:20,M:25）的线性渐变色。

2. 利用 工具绘制出如图 7-21 所示的三角形，然后执行【排列】/【变换】/【旋转】命令，弹出【变换】泊坞窗，设置旋转【角度】的参数及旋转中心位置，如图 7-22 所示。

图7-20 制作的情人节卡片

3. 依次单击 [应用到再制] 按钮，复制图形，最终效果如图 7-23 所示。

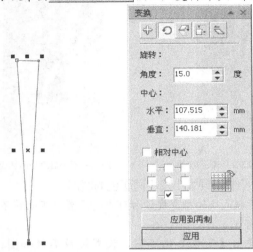

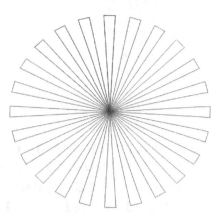

图7-21　绘制的图形　　　　　图7-22　设置的旋转角度及中心位置　　　　　图7-23　旋转复制出的图形

4. 将旋转复制出的图形全部选择并群组，然后为其填充白色并去除外轮廓，再调整至合适的大小后移动到矩形上，如图 7-24 所示。

5. 利用 □ 工具根据下方的渐变图形绘制出如图 7-25 所示的矩形，然后执行【排列】/【造形】/【造形】命令，将【造形】泊坞窗调出，设置选项如图 7-26 所示。

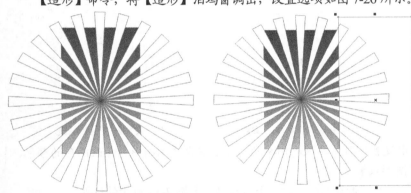

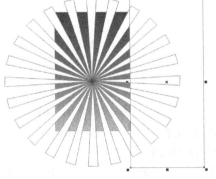

图7-24　图形调整的大小及位置　　　　　图7-25　绘制的矩形　　　　　图7-26　【造形】泊坞窗

6. 单击 [修剪] 按钮，将鼠标指针移动到群组图形上单击，对其进行修剪，效果如图 7-27 所示。

7. 选择矩形，并将其移动到渐变图形的左侧，然后用与步骤 6 相同的方法，对群组图形进行修剪。

8. 依次将矩形调整至渐变图形的上方和下方，分别对群组图形进行修剪，修剪后将矩形选择并按 [Delete] 键删除。

9. 选择修剪后的图形，并将其外轮廓去除，然后利用 🐛 工具为其添加如图 7-28 所示的交互式透明效果。

10. 按 [Ctrl]+[I] 键，将附盘中 "图库\第 07 讲" 目录下名为 "素材.cdr" 的文件导入，然后选择群组的花边图形将其颜色修改为白色，再分别调整各图形的大小及位置，如图 7-29 所示。

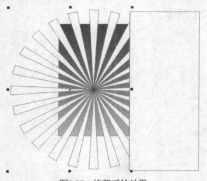
图7-27　修剪后的效果

图7-28　添加的交互式透明效果

图7-29　调整后的大小及位置

接下来利用【排列】/【变换】/【比例】命令绘制不同大小及不同颜色的圆形。

11. 利用◎工具绘制出如图 7-30 所示的圆形（其颜色及轮廓宽度读者可自行设置，下面将不再赘述图形的颜色，只要最终的图形五颜六色即可）。

12. 执行【排列】/【变换】/【比例】命令，弹出【变换】泊坞窗，设置缩放参数如图 7-31 所示。

13. 单击 应用到再制 按钮，将圆形以中心缩小复制，然后将复制出图形的颜色进行修改，效果如图 7-32 所示。

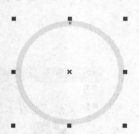
图7-30　绘制的圆形

图7-31　设置的缩放参数

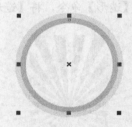
图7-32　复制出的圆形

14. 分别在【变换】泊坞窗中设置不同的缩放比例参数，然后依次复制圆形并修改图形的颜色，制作出如图 7-33 所示的图形效果。

15. 将绘制的圆形选择并群组，然后调整至合适的大小后移动到如图 7-34 所示的位置。

16. 用与步骤 11～15 相同的方法依次绘制出如图 7-35 所示的圆形，注意各图形堆叠顺序的调整。

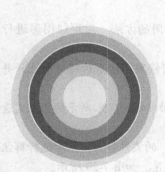
图7-33　制作出的图形效果

图7-34　图形调整后的大小及位置

图7-35　绘制出的图形

17. 用与步骤 5～6 相同的修剪图形方法，依次对超出渐变图形下方和右侧的圆形进行修剪，修剪后的效果如图 7-36 所示。

18. 选择[ ]工具，在画面中添加如图 7-37 所示的雪花图形，然后利用[字]工具在画面的左下方输入如图 7-38 所示的文字。

图7-36　修剪后的效果　　　　　　　　图7-37　喷绘的雪花图形　　　　　　　　图7-38　输入的文字

19. 至此，情人节卡片绘制完成，按[Ctrl]+[S]键，将此文件命名为"情人节卡片设计.cdr"保存。

7.2.3　课堂实训——绘制黑白八卦鱼图形

灵活运用图形的变换及修整操作绘制出如图 7-39 所示的八卦鱼图形。

【步骤提示】

1. 新建一个图形文件，利用[ ]工具绘制一个大小为"200mm"的圆形。

2. 利用【排列】/【变换】/【缩放】命令，依次对圆形进行缩放复制，参数设置及缩放中心位置如图 7-40 所示。

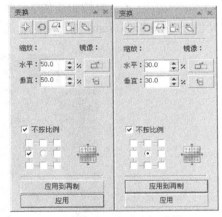

图7-39　绘制的八卦鱼图形　　　　　　　　　　图7-40　参数设置及缩放中心位置

3. 将缩放出的两个图形选择，如图 7-41 所示，然后单击变换对话框中的[ ]按钮，将其激活，并设置镜像中心位置如图 7-42 所示。

4. 单击[应用到再制]按钮，将选择的图形镜像复制，然后利用[ ]工具将多余的线形删除，即可绘制出八卦鱼图形，如图 7-43 所示。

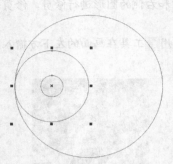

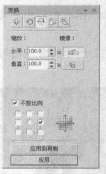

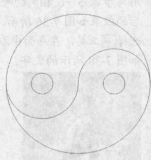

图7-41　复制出的图形　　　　　图7-42　设置的中心位置　　　　　图7-43　绘制出的八卦鱼图形

5.　为最下方的圆形填充白色，然后选择 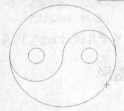工具，将填充色设置为黑色，再在如图 7-44 所示的轮廓线位置单击，给图形填充上黑色，如图 7-45 所示。

6.　利用 工具在如图 7-46 所示的位置按下鼠标左键拖曳出一个虚线框，将被覆盖到下面的小圆形选择，然后按 Shift+PageUp 键，将其调整至所有图形的上方。

图7-44　单击的位置　　　　　图7-45　填充颜色效果　　　　　图7-46　框选图形形态

7.　为小圆形填充白色，即可完成黑白八卦鱼图形的绘制。

7.3　综合案例——设计冰激凌包装

本节综合运用各种工具按钮及菜单命令设计如图 7-47 所示的冰激凌包装平面展开图。要求包装盒的尺寸分别为长 110mm、宽 50mm、高 25mm。

图7-47　设计的包装平面展开图

【步骤提示】

在设计包装平面展开图之前，首先根据包装盒要求的尺寸添加辅助线。

1. 新建一个图形文件，执行【视图】/【设置】/【辅助线设置】命令，然后分别设置水平和垂直辅助线参数，如图 7-48 所示。

图7-48 设置的辅助线参数

2. 单击 确定 按钮，添加的辅助线如图 7-49 所示。

3. 选择 □ 工具，在页面打印区中绘制出如图 7-50 所示的灰色（K:20）矩形。

图7-49 添加的辅助线

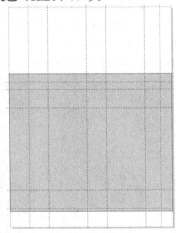

图7-50 绘制的矩形

4. 继续利用 □ 工具绘制矩形，然后为其填充渐变色，其渐变颜色参数设置及绘制的矩形如图 7-51 所示。

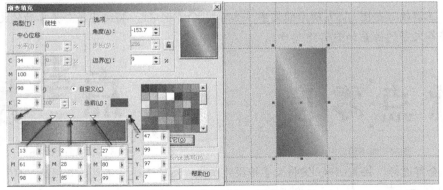

图7-51 设置的渐变颜色及绘制的矩形

5. 利用移动复制并调整图形大小及渐变颜色角度的方法，分别将矩形复制并进行调整，最终效果如图 7-52 所示。

6. 利用 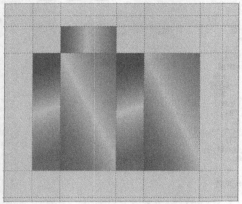、□ 和 工具依次绘制出如图 7-53 所示的白色图形。

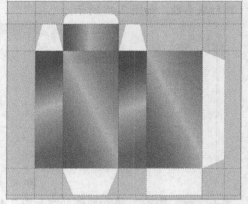

图7-52　复制出的图形　　　　　　　　　　　　　　　图7-53　绘制出的图形

7. 按 Ctrl+I 键，将附盘中 "图库\第 07 讲" 目录下名为 "冰激凌.psd" 和 "牛奶.psd" 的文件导入，分别调整大小后移动到如图 7-54 所示的位置。

8. 选择 "牛奶" 图片，利用 工具为其添加如图 7-55 所示的交互式透明效果，然后利用 工具将图片右上角的区域进行擦除，最终效果如图 7-56 所示。

图7-54　图片放置的位置　　　　　　图7-55　添加的透明效果　　　　　　图7-56　擦除后的效果

9. 利用 字 工具输入如图 7-57 所示的文字，然后按 Ctrl+K 键，将文字拆分为单独的文字，并分别调整各文字的位置如图 7-58 所示。

冰点零度

冰点零度

图7-57　输入的文字　　　　　　　　　　　　　　图7-58　调整后的文字形态

10. 将文字全部选择，按 Ctrl+Q 键将文字转换为曲线，然后选择 工具，并框选 "度" 文字中如图 7-59 所示的节点，按 Delete 键删除。

11. 继续框选如图 7-60 所示的节点，按 Delete 键删除，然后调整该笔划的形态如图 7-61 所示。

　　图7-59　选择的节点　　　　　　　　　图7-60　框选节点形态　　　　　　　　　图7-61　调整后的形态

12. 再次框选如图 7-62 所示的节点，然后单击属性栏中的 按钮，将此处的节点断开。

13. 利用 工具分别单击断开处的节点，选择各节点并调整位置，将此处的 4 个节点分解开，如图 7-63 所示。

14. 将下方的两个节点选择并按 Delete 键删除，然后框选上方的两个节点，并单击属性栏中的 按钮，将两个节点连接，再按 Delete 键删除，此时的文字形态如图 7-64 所示。

　　图7-62　框选节点形态　　　　　　　　　图7-63　分解开的效果　　　　　　　　　图7-64　调整后的形态

15. 再次框选如图 7-65 所示的节点，单击 按钮进行链接，然后利用 和 工具绘制出如图 7-66 所示的图形，再利用 工具绘制出如图 7-67 所示的椭圆形。

　　图7-65　选择的节点　　　　　　　　　图7-66　绘制的图形　　　　　　　　　图7-67　绘制的椭圆形

16. 用与步骤 11～15 相同的方法，依次对其他文字进行调整，最终效果如图 7-68 所示。

17. 将调整后的文字全部选择并群组，然后将其颜色修改为白色，并添加蓝色（C:100,M:100）的外轮廓，调整至合适的大小后移动到如图 7-69 所示的位置。

图7-68 调整后的文字形态

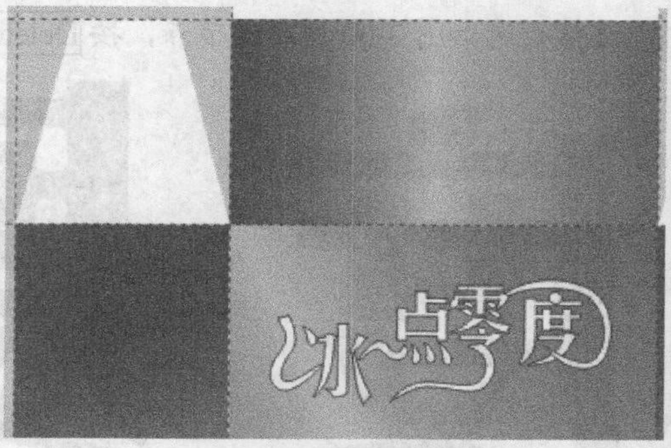

图7-69 文字放置的位置

18. 利用▨工具在文字的右下方绘制如图 7-70 所示的矩形，其填充色为【从】深红色
    （C:55,M:100,Y:100,K:15）、【到】红色（M:100,Y:100）的线性渐变色。

19. 将矩形依次移动复制，效果如图 7-71 所示，然后利用字工具依次输入如图 7-72 所示的白
    色文字。

图7-70 绘制的矩形

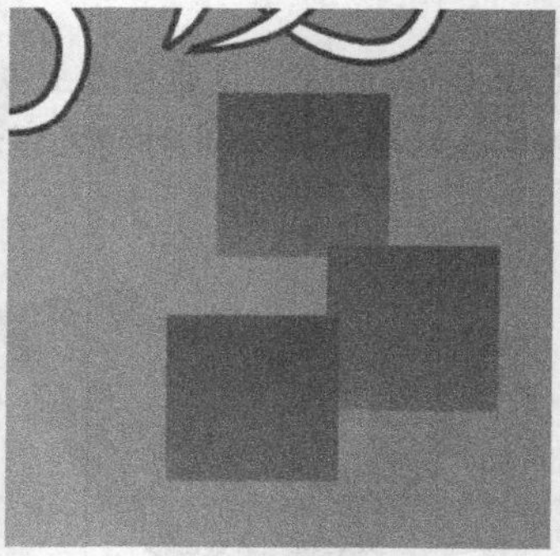

图7-71 复制出的图形

图7-72 输入的文字

20. 选择▨工具，并激活属性栏中的▨按钮，然后依次绘制出如图 7-73 所示的图形，并将其颜色
    分别修改为白色，如图 7-74 所示。

图7-73 绘制的图形

图7-74 修改颜色后的效果

21. 利用字工具输入竖向的"好滋味 好清爽"文字，其填充色为蓝色（C:100,M:100），然后将其
    调整至如图 7-75 所示的形态及位置。

22. 用移动复制操作依次复制绘制的图形及文字，效果如图 7-76 所示。

图7-75　文字调整后的形态及位置

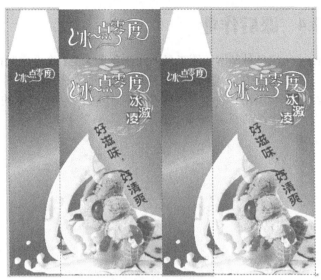

图7-76　复制出的图形及文字

23. 利用 字 工具输入如图 7-77 所示的黑色文字。

> 配料：鲜牛奶、奶油、果仁酱、白砂糖、蛋黄。
> 保质期：－20℃下十个月
> 生产日期：2010年1月2号
> 公司地址：青岛市崂山区x号
> 电话：0000——00000000

图7-77　输入的文字

24. 将输入的文字旋转270°后调整至画面的侧面位置，然后将其复制到另一侧面中，最终效果如图 7-78 所示。

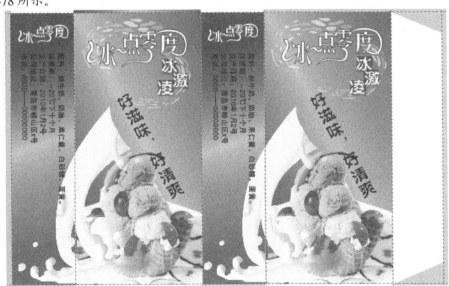

图7-78　文字放置的位置

25. 至此，包装盒的平面展开图绘制完成，按 Ctrl+S 键，将此文件命名为"包装平面展开图.cdr"保存。

7.4 课后作业

1. 运用各种基本绘图工具，并结合【变换】命令来制作如图 7-79 所示的画册封面，操作动画参见光盘中的"操作动画\第07讲\画册设计.avi"文件。

2. 综合运用各种工具及命令绘制出如图 7-80 所示的月饼包装平面图，操作动画参见光盘中的"操作动画\第07讲\包装平面图.avi"文件。

图7-79 设计的画册封面

图7-80 设计的包装平面图

图像效果应用

本讲主要讲解【效果】菜单下的命令，包括图像颜色的调整、透镜设置、添加透视点及精确剪裁等命令。利用【调整】命令可以对图形或图像进行色彩调整；利用【透镜】命令可以对图形或图像添加各种艺术效果；利用【添加透视点】命令可以对图形进行透视变形；利用【精确剪裁】命令可以将图形或图像置于指定的图形或文字中，使其产生蒙版效果。本讲课时为 8 小时。

① 学习目标

- ◆ 了解各种图像颜色调整命令。
- ◆ 了解调整图像颜色的方法。
- ◆ 熟悉【透镜】命令的运用。
- ◆ 掌握制作透视效果的方法。
- ◆ 掌握【图框精确剪裁】命令的运用。

8.1 图像颜色的调整

利用【效果】/【调整】菜单下的命令可以对图形或图像调整颜色。注意，当选择矢量图形时，【调整】命令的子菜单中只有【亮度/对比度/强度】、【颜色平衡】、【伽玛值】和【色度/饱和度/亮度】命令可用。当选择位图图像时，【调整】菜单中的所有命令都可用。

8.1.1 功能讲解

本节讲解【效果】菜单栏中的图像颜色调整命令，包括【调整】命令、【变换】命令和【校正】命令。

一、【调整】命令

(1) 【高反差】命令：可以将图像的颜色从最暗区到最亮区重新分布，以此来调整图像的阴影、中间色和高光区域的明度对比。图像原图和执行【效果】/【调整】/【高反差】命令后的效果如图 8-1 所示。

（2）【局部平衡】命令：可以提高图像边缘颜色的对比度，使图像产生高亮对比的线描效果。图像原图和执行【效果】/【调整】/【局部平衡】命令后的效果如图 8-2 所示。

图8-1　原图和执行【高反差】命令后的效果　　　　图8-2　原图和执行【局部平衡】命令后的效果

（3）【取样/目标平衡】命令：可以用提取的颜色样本来重新调整图像中的颜色值。图像原图和执行【效果】/【调整】/【取样/目标平衡】命令后的效果如图 8-3 所示。

（4）【调合曲线】命令：可以改变图像中单个像素的值，以此来精确修改图像局部的颜色。图像原图和执行【效果】/【调整】/【调合曲线】命令后的效果如图 8-4 所示。

图8-3　原图和执行【取样/目标平衡】命令后的效果

图8-4　原图和执行【调合曲线】命令后的效果

（5）【亮度/对比度/强度】命令：可以均等地调整选择图形或图像中的所有颜色。图像原图和执行【效果】/【调整】/【亮度/对比度/强度】命令后的效果如图 8-5 所示。

（6）【颜色平衡】命令：可以改变多个图形或图像的总体平衡。当图形或图像上有太多的颜色时，使用此命令可以校正图形或图像的色彩浓度以及色彩平衡，是从整体上快速改变颜色的一种方法。图像原图和执行【效果】/【调整】/【颜色平衡】命令后的效果如图 8-6 所示。

图8-5　原图和执行【亮度/对比度/强度】命令后的效果　　　　图8-6　原图和执行【颜色平衡】命令后的效果

（7）【伽玛值】命令：可以在对图形或图像阴影、高光等区域影响不太明显的情况下，改变对比度较低的图像细节。图像原图与执行【效果】/【调整】/【伽玛值】命令后的效果如图 8-7 所示。

图8-7　原图和执行【伽玛值】命令后的效果

(8)　【色度/饱和度/亮度】命令：可以通过改变所选图形或图像的色度、饱和度和亮度值，来改变图形或图像的色调、饱和度和亮度。图像原图和执行【效果】/【调整】/【色度/饱和度/亮度】命令后的效果如图8-8所示。

图8-8　原图和执行【色度/饱和度/亮度】命令后的效果

(9)　【所选颜色】命令：可以在色谱范围内按照选定的颜色来调整组成图像颜色的百分比，从而改变图像的颜色。图像原图和执行【效果】/【调整】/【所选颜色】命令后的效果如图8-9所示。

图8-9　原图和执行【所选颜色】命令后的效果

(10)　【替换颜色】命令：可以将一种新的颜色替换图像中所选的颜色，对于选择的新颜色还可以通过【色度】、【饱和度】和【亮度】选项进行进一步的设置。图像原图和执行【效果】/【调整】/【替换颜色】命令后的效果如图8-10所示。

图8-10　原图和执行【替换颜色】命令后的效果

(11)　【取消饱和】命令：可以自动去除图像的颜色，转换成灰度效果。图像原图和执行【效果】/【调整】/【取消饱和】命令后的效果如图8-11所示。

(12)　【通道混合器】命令：可以通过改变不同颜色通道的数值来改变图像的色调。图像原图和执行【效果】/【调整】/【通道混合器】命令后的效果如图8-12所示。

图8-11 原图和执行【取消饱和】命令后的效果   图8-12 原图和执行【通道混合器】命令后的效果

二、【变换】命令

(1) 【去交错】命令：可以把利用扫描仪在扫描图像过程中产生的网点消除，从而使图像更加清晰。

(2) 【反显】命令：可以把图像的颜色转换为与其相对的颜色，从而生成图像的负片效果。图像原图和执行【效果】/【变换】/【反显】命令后的效果如图 8-13 所示。

(3) 【极色化】命令：可以把图像颜色简单化处理，得到色块化效果。图像原图和执行【效果】/【变换】/【极色化】命令后的效果如图 8-14 所示。

图8-13 原图和执行【反显】命令后的效果   图8-14 原图和执行【极色化】命令后的效果

三、【校正】命令

利用【尘埃与刮痕】命令可以通过更改图像中相异像素的差异来减少杂色。

8.1.2 范例解析——调整图像颜色

学习利用【调合曲线】命令来将暗色调的图像调亮，并增加图像中颜色的对比度，然后制作出个性色调效果。图像调亮前后的效果对比及调整的个性色调如图 8-15 所示。

图8-15 图像调亮前后的效果对比及调整的个性色调

首先利用【调合曲线】命令来将暗色调的图像调亮，然后在【调合曲线】对话框中选择不同的【活动色频】选项，对图像调整不同的色调即可，具体操作方法如下。

1. 新建一个图形文件，将附盘中"图库\第 08 讲"目录下名为"广场.jpg"的图片文件导入。

2. 执行【效果】/【调整】/【调合曲线】命令，弹出【调合曲线】对话框。

3. 单击🔒按钮将其激活，即可在预览窗口中随时观察位图图像调整后的颜色效果，而不必每次单击 `预览` 按钮。

4. 将鼠标指针移动到左侧窗口中的线形上单击，添加控制点，然后将其调整至如图 8-16 所示的位置，对图像进行提亮调整，此时的画面效果如图 8-17 所示。

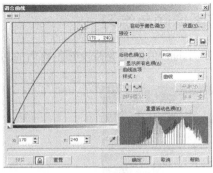

图8-16 控制点调整的位置

图8-17 调亮后的图像效果

5. 用与步骤 4 相同的方法，添加控制点后将其调整至如图 8-18 所示的位置，调整图像的对比度，然后单击 <u>确定</u> 按钮，图像调整后的效果如图 8-19 所示。

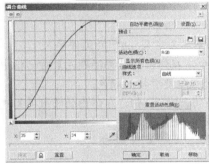

图8-18 添加的控制点

图8-19 调整对比度后的效果

6. 按 Ctrl+S 键，将调整的图像命名为 "调亮图像.cdr" 保存。

在【调合曲线】对话框中选择不同的【活动色频】选项，可以对图像调整为不同的色调。下面在调整后的图像基础上再来调试。

7. 执行【效果】/【调整】/【调合曲线】命令，将【调合曲线】对话框调出。

8. 在【活动色频】下拉列表中选择"红"通道，然后添加控制点并调整至如图 8-20 所示的位置，此时的画面效果如图 8-21 所示。

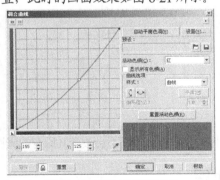

图8-20 添加控制点调整后的位置

图8-21 调整出的图像效果

9. 按 Shift+Ctrl+S 键，将调整的图像命名为 "色调调整.cdr" 另存。

8.1.3　课堂实训——调整图像颜色练习

学习利用【替换颜色】命令来修改位图图像中某一部分的颜色。图像替换颜色前后的对比效果如图 8-22 所示。

图8-22　图像替换颜色前后的效果对比

【步骤提示】

1. 新建图形文件，然后将附盘中"图库\第 08 讲"目录下名为"马.jpg"的文件导入。
2. 选择图片，执行【效果】/【调整】/【替换颜色】命令，在弹出的【替换颜色】对话框中单击 按钮，将鼠标指针移动到图片中马身上的红颜色处吸取要替换的颜色。
3. 在【替换颜色】对话框中单击【新建颜色】选项右侧的 按钮，在弹出的【颜色】选项面板中选择"橘红"色，然后设置各项参数如图 8-23 所示。

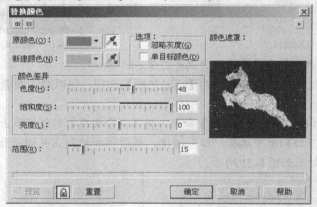

图8-23　【替换颜色】对话框

4. 单击 确定 按钮，即可将图片中的马颜色进行修改。

8.2　透镜

利用【透镜】命令可以改变位于透镜下面的图形或图像的显示方式，而不会改变其原有的属性。

8.2.1　功能讲解

在 CorelDRAW X4 中，共提供了 11 种透镜效果。图形应用不同的透镜样式时，产生的特殊效果对比如图 8-24 所示。

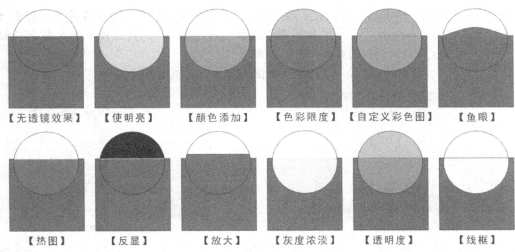

| 【无透镜效果】 | 【使明亮】 | 【颜色添加】 | 【色彩限度】 | 【自定义彩色图】 | 【鱼眼】 |

| 【热图】 | 【反显】 | 【放大】 | 【灰度浓淡】 | 【透明度】 | 【线框】 |

图8-24 应用不同透镜样式后的图形效果对比

【透镜】泊坞窗如图8-25所示，其中各选项和按钮的含义分别如下。

- 【冻结】选项：可以固定透镜中当前的内容。当再移动
  透镜图形时，不会改变其显示的内容。

- 【视点】选项：可以在不移动透镜的前提下只显示透镜
  下面图形的一部分。

- 【移除表面】选项：透镜只显示它覆盖其他图形的区
  域，而不显示透镜所覆盖的空白区域。

- 单击 应用 按钮，即可将设置的透镜效果添加到图形或
  图像中。当激活 按钮时，所设置的透镜效果将直接添
  加到图形或图像中，无须再单击 应用 按钮。

图8-25 【透镜】泊坞窗

8.2.2 范例解析——修饰图像

下面通过实例来介绍【透镜】命令的使用方法。图像修饰前后的对比效果如图8-26所示。

图8-26 图像修饰前后的对比效果

分别利用【透镜】命令修改图像的色调，然后将部分区域放大显示，或突出显示。具体操作
方法如下。

1. 新建图形文件，将附盘中"图库\第08讲"目录下名为"风景.jpg"的文件导入。

2. 利用 ▢ 工具绘制一个与图像相同大小的矩形，然后执行【效果】/【透镜】命令，弹出【透镜】泊坞窗，在 [无透镜效果 ▼] 下拉列表中选择"颜色添加"，然后设置添加颜色为红色（M:100,Y:100），此时的画面效果如图 8-27 所示。

3. 利用 ◯ 工具，在画面的左上角位置绘制出如图 8-28 所示的椭圆形。

图8-27 添加颜色后的效果

图8-28 绘制的椭圆形

4. 在【透镜】泊坞窗的 [无透镜效果 ▼] 下拉列表中选择"放大"，将下方图像放大显示，去除椭圆形的外轮廓，效果如图 8-29 所示。

5. 利用 ▨ 工具绘制出如图 8-30 所示的星形，然后在 [无透镜效果 ▼] 下拉列表中选择"热图"，去除星形的外轮廓，效果如图 8-31 所示。

图8-29 下方图像放大显示的效果

图8-30 绘制的星形

图8-31 添加的透镜效果

6. 至此，图像修饰完成，按 Ctrl+S 键，将此文件命名为"图像修饰.cdr"保存。

8.2.3 调整图像颜色

灵活运用【透镜】泊坞窗中的"颜色添加"透镜对图像的色调进行调整，效果对比如图 8-32 所示。

图8-32 图像调整色调后的效果

【步骤提示】

新建图形文件，将附盘中"图库\第 08 讲"目录下名为"礼花.jpg"的文件导入，然后为其添加橘红色（M:60,Y:100）的"颜色添加"透镜即可。

8.3 添加透视点和图框精确剪裁

【添加透视点】命令和【图框精确剪裁】命令是 CorelDRAW 软件中非常好用的两个效果命令。利用【效果】/【添加透视】命令，可以给矢量图形制作各种形式的透视形态。利用【图框精确剪裁】命令可以将图形或图像放置在指定的容器中，并可以对其进行提取或编辑，容器可以是图形也可以是文字。

8.3.1 功能讲解

下面分别来讲解【添加透视】命令和【图框精确剪裁】命令的使用方法。

一、【添加透视】命令

【添加透视】命令的使用方法非常简单，首先将要添加透视点的图形选择，然后执行【效果】/【添加透视】命令，此时在选择的图形上即会出现红色的虚线网格，且当前使用的工具会自动切换为 工具。将鼠标指针移动到网格的角控制点上，按住鼠标左键拖曳，即可对图形进行任意角度的透视变形调整。

二、【图框精确剪裁】命令

将选择的图形或图像放置在指定容器中的具体操作为：确认绘图窗口中有导入的图像及作为容器的图形存在，然后利用 工具将图像选择，执行【效果】/【图框精确剪裁】/【放置在容器中】命令，此时鼠标指针将显示为 形状，将鼠标指针放置在绘制的图形上单击，释放鼠标左键后，即可将选择的图像放置到指定的图形中。

> **要点提示** 在想要放置到容器内的图像上按下鼠标右键并向容器上拖曳，当鼠标指针显示为 ⊕ 形状时释放，在弹出的菜单中选择【图框精确剪裁内部】命令，也可将图像放置到指定的容器内。如果容器是文字也可以，只是当鼠标指针显示为 A 形状时释放。

(1) 精确剪裁效果的编辑。

默认状态下，执行【图框精确剪裁】命令后是将选取的图像放置在容器的中心位置。当选取的图像比容器小时，图像将不能完全覆盖容器；当选取的图像比容器大时，在容器内只能显示图像中心的局部位置，并不能一步达到想要的效果，此时可以进一步对置入容器内的图像进行位置、大小以及旋转等编辑，来达到想要的效果。具体操作如下。

1. 选择需要编辑的图框精确剪裁图形，执行【效果】/【图框精确剪裁】/【编辑内容】命令，此时，图框精确剪裁容器内的图形将显示在绘图窗口中，其他图形将在绘图窗口中隐藏。
2. 按照需要来调整容器内的图片，如大小、位置或方向等。
3. 调整完成后，执行【效果】/【图框精确剪裁】/【结束编辑】命令，或者单击绘图窗口左下角的 完成编辑对象 按钮，即可应用编辑后的容器效果。

> **要点提示** 如果需要将放置到容器中的内容与容器分离，可以执行【效果】/【图框精确剪裁】/【提取内容】命令，就可以将放置入容器中的图像与容器分离，使容器和图片恢复为以前的形态。

(2) 锁定与解锁精确剪裁内容。

在默认的情况下，执行【图框精确剪裁】命令后，图像内容是自动锁定到容器上的，这样可以保证在移动容器时，图像内容也能同时移动。将鼠标指针移动到精确剪裁图形上单击鼠标右键，在弹出的右键菜单中选择【锁定图框精确剪裁的内容】命令，即可将精确剪裁内容解锁，再次执行此命令，即可锁定精确剪裁内容。

当精确剪裁的内容是非锁定状态时，如果移动精确剪裁图形，则只能移动容器的位置，而不能移动容器内容的图像位置。利用这种方法可以方便地改变容器相对于图像内容的位置。

8.3.2 范例解析——设计 POP 海报

本节主要利用【添加透视】命令和【图框精确剪裁】命令来设计如图 8-33 所示的 POP海报。

1. 新建一个图形文件，利用 ▢ 工具绘制矩形，然后为其自上向下填充由浅黄色（Y:20）到绿色（C:30,Y:100）的线性渐变色。

2. 利用 ▨ 和 ▨ 工具在矩形的上方绘制图形，然后为其填充如图 8-34 所示的渐变色。

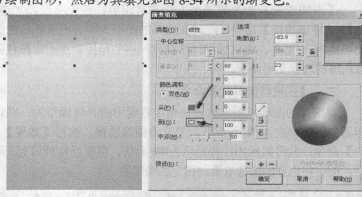

图8-33 设计的POP海报　　　　　　　　　图8-34 绘制的图形及渐变颜色参数

3. 继续利用 ▨ 和 ▨ 工具绘制出如图 8-35 所示的白色图形，然后再绘制出如图 8-36 所示的绿色（C:100,Y:100）图形。

图8-35 绘制的白色图形　　　　　　　　　图8-36 绘制的绿色图形

4. 利用 ▨ 和 ▨ 工具在矩形的下方再依次绘制出如图 8-37 所示的图形，具体颜色参数设置可参见作品，然后再绘制出如图 8-38 所示的渐变图形。

5. 执行【排列】/【顺序】/【置于此对象前】命令，将鼠标指针移动到最下方的矩形上单击，将绘制的渐变图形调整至矩形的上方、其他图形的下方。

6. 按 Ctrl+I 键，将附盘中"图库\第08讲"目录下名为"素材.psd"的图片导入。

7. 执行【效果】/【图框精确剪裁】/【放置在容器中】命令，然后将鼠标指针移动到渐变图形上单击，将导入的图像置于渐变图形中，如图 8-39 所示。

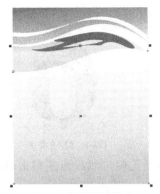

图8-37 绘制的图形　　　　图8-38 绘制的渐变图形　　　　图8-39 置于图像后的效果

8. 执行【效果】/【图框精确剪裁】/【编辑内容】命令，此时，图框精确剪裁容器内的图像将显示在绘图窗口中，其他图形将在绘图窗口中隐藏，然后将图像向下调整至如图 8-40 所示的位置。

9. 单击绘图窗口左下角的 按钮，完成图像的编辑，然后利用 工具为图形添加如图 8-41 所示的交互式透明效果。

图8-40 图像调整后的位置　　　　　　　图8-41 添加透明后的效果

10. 利用 工具输入如图 8-42 所示的文字，填充色为白色，轮廓色为青色。然后将文字转换为曲线，并利用 工具对文字进行调整，调整后的形态如图 8-43 所示。

11. 将调整后的文字群组，然后执行【效果】/【添加透视】命令，再将其调整至如图 8-44 所示的形态。

图8-42 输入的文字　　　　图8-43 调整后的文字形态　　　　图8-44 变形后的文字效果

12. 将变形后的文字复制，然后将下方文字的填充色和轮廓色都修改为黑色，并稍微向右移动位置，制作出如图 8-45 所示的文字阴影效果。

13. 利用 工具再输入如图 8-46 所示的黑色数字，将数字转换为曲线后，利用 工具将其调整至如图 8-47 所示的形态。

图8-45　制作的文字阴影

图8-46　输入的数字

图8-47　调整后的形态

14. 将调整后的数字稍微向左侧移动复制，然后为复制出的数字填充渐变色，效果如图 8-48 所示。

15. 按 Ctrl+I 键，将附盘中"图库\第 08 讲"目录下名为"效果字.cdr"的文件导入，调整大小后放置到如图 8-49 所示的位置。

图8-48　制作的数字组合

图8-49　置入的效果字

16. 至此，海报设计完成，按 Ctrl+S 键，将此文件命名为"POP 海报.cdr"保存。

8.3.3　课堂实训——书籍装帧

灵活运用前面学过的工具及本讲学习的【图框精确剪裁】命令和【添加透视】命令进行书籍装帧设计，效果如图 8-50 所示。

【步骤提示】

1. 新建图形文件，灵活运用前面学过的工具设计出如图 8-51 所示的书籍封面效果。

图8-50　设计的书籍装帧效果

图8-51　设计的封面效果

2. 将封面图形全部选择并移动复制，然后将复制出的图形群组，并利用【添加透视】命令将其调整至如图 8-52 所示的形态。

3. 将侧面图形选择并移动复制，然后将复制出的图形群组，并利用【添加透视】命令对其进行调整，效果如图 8-53 所示。

图8-52 变形后的形态（1）

图8-53 变形后的形态（2）

4. 利用█工具依次绘制黑色和灰色（K:70）的图形，制作出书籍封底及书的书脊，即可完成书籍装帧设计（注意【排列】/【顺序】命令的运用）。

8.4 综合案例——设计候车亭广告

综合运用本讲学习的命令设计出如图8-54所示的候车亭广告。

【步骤提示】

1. 新建一个图形文件，利用█工具绘制矩形，然后为其自左向右填充由黄色到红色的线性渐变色。

2. 灵活运用█和█工具绘制出如图8-55所示的图形，其填充色可参见作品。

图8-54 设计的候车亭广告

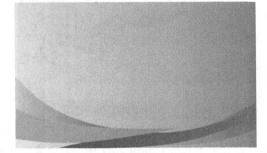

图8-55 绘制的图形（1）

3. 用与第 7.2.2 小节绘制发射光线相同的方法绘制出如图 8-56 所示的图形，其填充色为淡黄色（Y:20）。

4. 将步骤3中绘制的图形选择并群组，然后调整至如图8-57所示的形态。

图8-56 绘制的图形（2）

图8-57 调整的形态

5. 利用⊻工具为图形添加如图 8-58 所示的交互式透明效果，然后根据最下方矩形的大小再绘制一个相同大小的矩形。

6. 将添加透明效果后的图形置入步骤 5 绘制的矩形中，如图 8-59 所示。

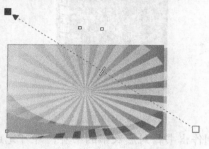

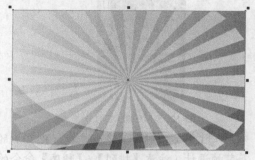

图8-58　添加的交互式透明效果　　　　　　　　　　　图8-59　置入矩形中的效果

7. 利用【排列】/【顺序】/【置于此对象前】命令，将置入图形后的矩形调整至最下方矩形的上面、其他图形的后面。

8. 按 Ctrl+I 键，将附盘中 "图库\第 08 讲" 目录下名为 "红飘带.psd" 和 "汉堡包.psd" 的图片文件导入，调整大小后分别放置到如图 8-60 所示的位置。

9. 将 "汉堡包" 图片向左上方移动复制，并将复制出的图形缩小调整，然后将两个 "汉堡包" 图片调整至下方图形的后面，效果如图 8-61 所示。

图8-60　置入的图片　　　　　　　　　　　　图8-61　调整堆叠顺序后的效果

10. 利用字工具输入如图 8-62 所示的文字，注意各文字颜色及字体的设置。

11. 选择上面一行文字，然后利用【添加透视】命令将其调整至如图 8-63 所示的形态。

图8-62　输入的文字　　　　　　　　　　　　图8-63　变形后的形态

12. 选择下面一行文字，利用【添加透视】命令将其调整至如图 8-64 所示的形态。

13. 利用✦工具绘制红色的五角星形，然后利用▣工具为其添加到中心的轮廓图效果，如图 8-65 所示。

图8-64 文字调整后的透视形态

图8-65 制作的轮廓图效果

14. 用与步骤 13 相同的方法,依次制作出如图 8-66 所示的五角星图形,然后将其同时选择并群组。

15. 将群组的五角星图形向下方移动复制,调整大小后放置到如图 8-67 所示的左下角位置。

16. 利用口工具绘制出如图 8-68 所示的矩形,然后将复制出的群组星形图形置入矩形中,并将矩形的外轮廓去除。

图8-66 绘制出的五角星图形

图8-67 复制出的星形

图8-68 绘制的矩形

17. 至此,候车亭广告设计完成,按 Ctrl + S 键,将此文件命名为"候车亭广告.cdr"保存。

8.5 课后作业

1. 主要利用【透镜】命令、【图框精确剪裁】命令来制作如图 8-69 所示的图案字,操作动画参见光盘中的"操作动画\第 08 讲\图案字.avi"文件。

2. 在第 7 讲课后作业中设计的月饼包装平面图基础上,灵活运用【添加透视】命令制作出如图 8-70 所示的包装盒效果。操作动画参见光盘中的"操作动画\第 08 讲\包装盒.avi"文件。

图8-69 制作的图案字

图8-70 制作的包装盒效果

位图特效

【位图】菜单是 CorelDRAW 图像效果处理中非常精彩的一部分内容，利用其中的命令制作出的图像艺术效果可以与 Photoshop 中的【滤镜】命令相媲美。本讲就来讲解【位图】菜单命令，并通过给出的效果来加以说明每一个命令的作用和功能，需要注意的是，【位图】菜单下面的大多数命令只能应用于位图，要想应用于矢量图形，只有先将矢量图形转换成位图。本讲课时为 8 小时。

学习目标

◆ 掌握矢量图与位图相互转换的方法。

◆ 了解各种位图效果命令的功能。

◆ 熟悉位图命令的使用方法。

9.1 矢量图与位图相互转换

在 CorelDRAW 中可以将矢量图形与位图图像互相转换。通过把含有图样填充背景的矢量图形转化为位图，图像的复杂程度就会显著降低，且可以运用各种位图效果；通过将位图图像转换为矢量图形，就可以对其进行所有矢量性质的形状调整和颜色填充。

一、转换位图

选择需要转换为位图的矢量图形，然后执行【位图】/【转换为位图】命令，弹出的【转换为位图】对话框如图 9-1 所示。

- 【分辨率】选项：设置矢量图转换为位图后的清晰程度。在此下拉列表中选择转换成位图的分辨率，也可直接输入。
- 【颜色模式】选项：设置矢量图转换成位图后的颜色模式。
- 【应用 ICC 预置文件】选项：ICC 预置文件是

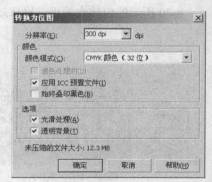

图9-1 【转换为位图】对话框

国际色彩联盟编写的国际通用色彩解析文件，此文件对各大扫描仪、打印机的色彩
进行了综合解析。勾选此复选项，图片输出后的色彩将把颜色误差降到最低。

- 【始终叠印黑色】选项：勾选此复选项，矢量图中的黑色转换成位图后，黑色就被
  设置了叠印。当印刷输出后，图像或文字的边缘就不会因为套版不准而出现露白或
  显露其他颜色的现象发生。
- 【光滑处理】选项：可以去除图像边缘的锯齿，使图像边缘变得平滑。
- 【透明背景】选项：勾选此复选项，可以使转换为位图后的图像背景透明。

在【转换为位图】对话框中设置选项后，单击 确定 按钮，即可将矢量图转换为位图。当将
矢量图转换成位图后，使用【位图】菜单中的命令，可以为其添加各种类型的艺术效果，但不能够
再对其形状进行编辑调整，针对矢量图使用的各种填充功能也不可再用。

二、描摹位图

选择要矢量化的位图图像后，执行【位图】/【描摹位图】/【线条图】命令，将弹出如图 9-2
所示的【Power TRACE】对话框。

图9-2　【Power TRACE】对话框

在【Power TRACE】对话框中，左边是效果预览区，右边是选项及参数设置区。

- 【图像类型】选项：用于设置图像的描摹方式。
- 【平滑】选项：设置生成图形的平滑程度。数值越大，图形边缘越光滑。
- 【细节】选项：设置保留原图像细节的程度。数值越大，图形失真越小，质量
  越高。
- 【颜色模式】选项：设置生成图形的颜色模式，包括"CMYK"、"RGB"、"灰度"
  和"黑白"等模式。
- 【颜色数】选项：设置生成图形的颜色数量，数值越大，图形越细腻。
- 【删除原始图像】选项：勾选此复选项，系统会将原始图像矢量化；反之会将原始
  图像复制然后进行矢量化。

- 【移除背景】选项：用于设置移除背景颜色的方式和设置移除的背景颜色。
- 【跟踪结果详细资料】选项：显示描绘成矢量图形后的细节报告。
- 【颜色】选项卡：其下显示矢量化后图形的所有颜色及颜色值。

将位图矢量化后，图像即具有矢量图的所有特性，可以对其形状进行调整，或填充渐变色、图案及添加透视点等。

9.2 位图效果

利用【位图】命令可对位图图像进行特效艺术化处理。CorelDRAW X4 的【位图】菜单中共有 70 多种（分为 10 类）位图命令，每个命令都可以使图像产生不同的艺术效果，下面以列表的形式来介绍每一个命令的功能。

一、 【三维效果】命令

【三维效果】命令可以使选择的位图产生不同类型的立体效果。其下包括 7 个菜单命令，每一种滤镜所产生的效果如图 9-3 所示。

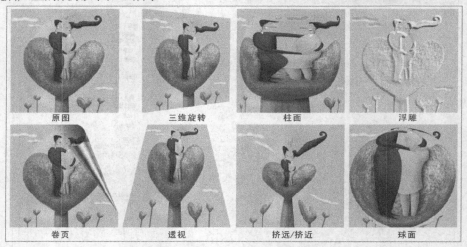

图9-3 执行【三维效果】命令产生的各种效果

【三维效果】菜单中的每一种滤镜的功能如下。

滤镜名称	功　能
【三维旋转】	可以使图像产生一种景深效果
【柱面】	可以使图像产生一种好像环绕在圆柱体上的突出效果，或贴附在一个凹陷曲面中的凹陷效果
【浮雕】	可以使图像产生一浮雕效果。通过控制光源的方向和浮雕的深度还可以控制图像的光照区和阴影区
【卷页】	可以使图像产生有一角卷起的卷页效果
【透视】	可以使图像产生三维的透视效果
【挤远/挤近】	可以以图像的中心为起点弯曲整个图像，而不改变位图的整体大小和边缘形状
【球面】	可以使图像产生一种环绕球体的效果

二、 【艺术笔触】命令

【艺术笔触】命令是一种模仿传统绘画效果的特效滤镜，可以使图像产生类似于画笔绘制的艺术特效。其下包括14个菜单命令，每一种滤镜所产生的效果如图9-4所示。

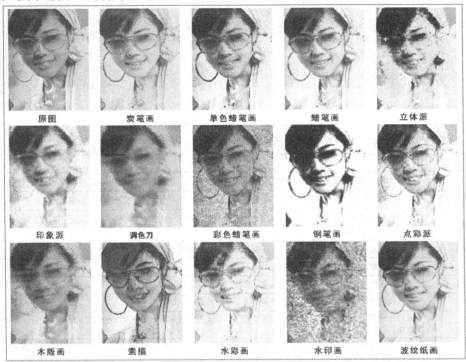

图9-4 执行【艺术笔触】命令产生的各种效果

【艺术笔触】菜单中的每一种滤镜的功能如下。

滤镜名称	功　　能
【炭笔画】	使用此命令就好像是用炭笔在画板上画图一样，它可以将图像转化为黑白颜色
【单色蜡笔画】	可以使图像产生一种柔和的发散效果，软化位图的细节，产生一种雾蒙蒙的感觉
【蜡笔画】	可以使图像产生一种熔化效果。通过调整画笔的大小和图像轮廓线的粗细来反映蜡笔效果的强烈程度，轮廓线设置得越大，效果表现越强烈，在细节不多的位图上效果最明显
【立体派】	可以分裂图像，使其产生网印和压印的效果
【印象派】	可以使图像产生一种类似于绘画中的印象派画法绘制的彩画效果
【调色刀】	可以为图像添加类似于使用油画调色刀绘制的画面效果
【彩色蜡笔画】	可以使图像产生类似于粉性蜡笔绘制出的斑点艺术效果
【钢笔画】	可以产生类似使用墨水绘制的图像效果，此命令比较适合图像内部与边缘对比比较强烈的图像
【点彩派】	可以使图像产生看起来好像由大量的色点组成的效果
【木版画】	可以在图像的彩色或黑白色之间生成一个明显的对照点，使图像产生刮涂绘画的效果
【素描】	可以使图像生成一种类似于素描的效果
【水彩画】	此命令类似于【彩色蜡笔画】命令，可以为图像添加发散效果
【水印画】	可以使图像产生斑点效果，使图像中的微小细节隐藏
【波纹纸画】	可以为图像添加细微的颗粒效果

三、【模糊】命令

【模糊】命令示通过不同的方式柔化图像中的像素，使图像得到平滑的模糊效果。其下包括9个菜单命令，图9-5所示为部分模糊命令制作的模糊效果。

| 原图 | 高斯式模糊 | 低通滤波器 | 动态模糊 | 放射式模糊 |

图9-5　执行【模糊】命令产生的各种效果

【模糊】菜单中的每一种滤镜的功能如下。

滤镜名称	功　　能
【定向平滑】	可以为图像添加少量的模糊，使图像产生非常细微的变化，主要适用于平滑人物皮肤和校正图像中细微粗糙的部位
【高斯式模糊】	此命令是经常使用的一种命令，主要通过高斯分布来操作位图的像素信息，从而为图像添加模糊变形的效果
【锯齿状模糊】	可以为图像添加模糊效果，从而减少经过调整或重新取样后生成的参差不齐的边缘，还可以最大限度地减少扫描图像时的蒙尘和刮痕
【低通滤波器】	可以抵消由于调整图像的大小而产生的细微狭缝，从而使图像柔化
【动态模糊】	可以使图像产生动态速度的幻觉效果，还可以使图像产生风雷般的动感
【放射式模糊】	可以使图像产生向四周发散的放射效果，离放射中心越远放射模糊效果越明显
【平滑】	可以使图像中每个像素之间的色调变得平滑，从而产生一种柔软的效果
【柔和】	此命令对图像的作用很微小，几乎看不出变化，但是使用【柔和】命令可以在不改变原图像的情况下再给图像添加轻微的模糊效果
【缩放】	此命令与【放射式模糊】命令有些相似，都是从图形的中心开始向外扩散放射。但使用【缩放】命令可以给图像添加逐渐增强的模糊效果，并且可以突出图像中的某个部分

四、　【相机】命令

【相机】命令下只有【扩散】一个子命令，主要是通过扩散图像的像素来填充空白区域消除杂点，类似于给图像添加模糊的效果，但效果不太明显。

五、　【颜色转换】命令

【颜色转换】命令类似于位图的色彩转换器，可以给图像转换不同的色彩效果。其下包括 4 个菜单命令，每一种滤镜所产生的效果如图 9-6 所示。

| 原图 | 位平面 | 半色调 | 梦幻色调 | 曝光 |

图9-6　执行【颜色转换】命令产生的各种效果

【颜色转换】菜单中的每一种滤镜的功能如下。

滤镜名称	功　　能
【位平面】	可以将图像中的色彩变为基本的 RGB 色彩，并使用纯色将图像显示出来
【半色调】	可以使图像变得粗糙，生成半色调网屏效果
【梦幻色调】	可以将图像中的色彩转换为明亮的色彩
【曝光】	可以将图像的色彩转换为近似于照片底色的色彩

六、 【轮廓图】命令

　　【轮廓图】命令是在图像中按照图像的亮区或暗区边缘来探测、寻找勾画轮廓线。其下包括 3 个菜单命令，每一种滤镜所产生的效果如图 9-7 所示。

图9-7　执行【轮廓图】命令产生的各种效果

　　【轮廓图】菜单中的每一种滤镜的功能如下。

滤镜名称	功　　能
【边缘检测】	可以对图像的边缘进行检测显示
【查找边缘】	可以使图像中的边缘彻底地显现出来
【描摹轮廓】	可以对图像的轮廓进行描绘

七、 【创造性】命令

　　【创造性】命令可以给位图图像添加各种各样的创造性底纹艺术效果。其下包括 14 个菜单命令，每一种滤镜所产生的效果如图 9-8 所示。

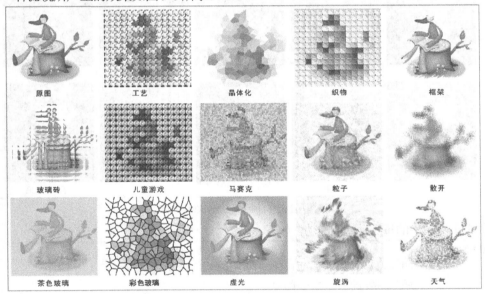

图9-8　执行【创造性】命令产生的各种效果

　　【创造性】菜单中的每一种滤镜的功能如下。

滤镜名称	功　　能
【工艺】	可以为图像添加多种样式的纹理效果
【晶体化】	可以将图像分裂为许多不规则的碎片
【织物】	此命令与【工艺】命令有些相似，它可以为图像添加编织特效
【框架】	可以为图像添加艺术性的边框
【玻璃砖】	可以使图像产生一种玻璃纹理效果

续 表

滤镜名称	功 能
【儿童游戏】	可以使图像产生很多意想不到的艺术效果
【马赛克】	可以将图像分割成类似于陶瓷碎片的效果
【粒子】	可以为图像添加星状或泡沫效果
【散开】	可以使图像在水平和垂直方向上扩散像素，使图像产生一种变形的特殊效果
【茶色玻璃】	可以使图像产生一种透过雾玻璃或有色玻璃看图像的效果
【彩色玻璃】	可以使图像产生彩色玻璃效果，类似于用彩色的碎玻璃拼贴在一起的艺术效果
【虚光】	可以使图像产生一种边框效果，还可以改变边框的形状、颜色、大小等内容
【旋涡】	可以使图像产生旋涡效果
【天气】	可以给图像添加如下雪、下雨或雾等天气效果

八、 【扭曲】命令

【扭曲】命令可以对图像进行扭曲变形，从而改变图像的外观，但在改变的同时不会增加图像的深度。其下包括 10 个菜单命令，每一种滤镜所产生的效果如图 9-9 所示。

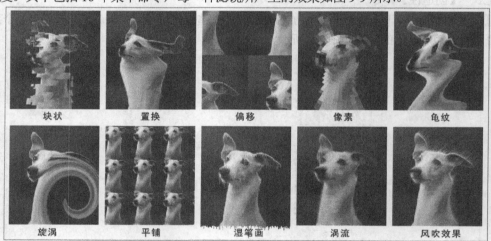

图9-9 执行【扭曲】命令产生的各种效果

【扭曲】菜单中的每一种滤镜的功能如下。

滤镜名称	功 能
【块状】	可以将图像分为多个区域，并且可以调节各区域的大小以及偏移量
【置换】	可以将预设的图样均匀置换到图像上
【偏移】	可以按照设置的数值偏移整个图像，并按照指定的方法填充偏移后留下的空白区域
【像素】	可以按照像素模式使图像像素化，并产生一种放大的位图效果
【龟纹】	可以使图像产生扭曲的波浪变形效果，还可以对波浪的大小、幅度、频率等进行调节
【旋涡】	可以使图像按照设置的方向和角度产生变形，生成按顺时针或逆时针旋转的旋涡效果
【平铺】	可以将原图像作为单个元素，在整个图像范围内按照设置的个数进行平铺排列
【湿笔画】	可以使图像生成一种尚未干透的水彩画效果
【涡流】	此命令类似于【旋涡】命令，可以为图像添加流动的旋涡图案
【风吹效果】	可以使图像产生起风的效果，还可以调节风的大小以及风的方向

九、 【杂点】命令

【杂点】命令不仅可以给图像添加杂点效果，而且还可以校正图像在扫描或过渡混合时所产生的缝隙。其下包括6个菜单命令，部分滤镜所产生的效果如图9-10所示。

原图　　　　　添加杂点　　　　　最大值　　　　　中值　　　　　最小

图9-10　执行【杂点】命令产生的各种效果

【杂点】菜单中的每一种滤镜的功能如下。

滤镜名称	功　　能
【添加杂点】	可以将不同类型和颜色的杂点以随机的方式添加到图像中，使其产生粗糙的效果
【最大值】	可以根据图像中相临像素的最大色彩值来去除杂点，多次使用此命令会使图像产生一种模糊效果
【中值】	通过平均图像中的像素色彩来去除杂点
【最小】	通过使图像中的像素变暗来去除杂点，此命令主要用于亮度较大和过度曝光的图像
【去除龟纹】	可以将图像扫描过程中产生的网纹去除
【去除杂点】	可以降低图像扫描时产生的网纹和斑纹强度

十、 【鲜明化】命令

【鲜明化】命令可以使图像的边缘变得更清晰。其下包括 5 个菜单命令，部分滤镜所产生的效果如图9-11所示。

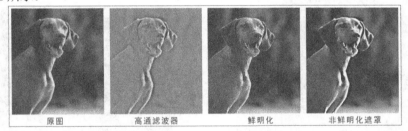

原图　　　　　高通滤波器　　　　　鲜明化　　　　　非鲜明化遮罩

图9-11　执行【鲜明化】命令产生的各种效果

【鲜明化】菜单中的每一种滤镜的功能如下。

滤镜名称	功　　能
【适应非鲜明化】	可以通过分析图像中相临像素的值来加强位图中的细节，但图像的变化极小
【定向柔化】	可以根据图像边缘像素的发光度来使图像变得更清晰
【高通滤波器】	通过改变图像的高光区和发光区的亮度及色彩度，从而去除图像中的某些细节
【鲜明化】	可以使图像中各像素的边缘对比度增强
【非鲜明化遮罩】	通过提高图像的清晰度来加强图像的边缘

9.3　范例解析

　　下面将以一些在实际工作中常见的效果为例，介绍常用【位图】效果的使用方法，希望能够起到抛砖引玉的作用，同时也希望通过本讲的学习，读者能够熟练运用这些命令，以便在将来的实际工作中灵活运用。

9.3.1　范例解析（一）——制作卷页效果

下面主要利用【位图】/【三维效果】/【卷页】命令，对图像进行卷页设置，效果如图 9-12 所示。

1.　新建一个图形文件，然后按 Ctrl+I 键，将附盘中 "图库\第 09 讲" 目录下名为 "风景.jpg" 的文件导入。

2.　执行【位图】/【三维效果】/【卷页】命令，在弹出的【卷页】对话框中设置选项及参数如图 9-13 所示。

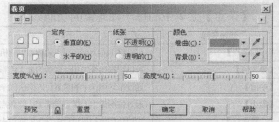

图9-12　制作的卷页效果　　　　　　　　　　　图9-13　【卷页】对话框

3.　单击 确定 按钮，图像的卷页效果如图 9-14 所示。

4.　利用 □ 工具根据图片的大小绘制如图 9-15 所示的矩形，然后为其填充黑色，并将轮廓的颜色设置为灰色（K:30），轮廓宽度设置为 "3mm"。

图9-14　卷页后的效果　　　　　　　　　　　图9-15　绘制的矩形

5.　按 Shift+PageDown 键，将矩形调整至图像的下面，即可完成卷页效果的制作，按 Ctrl+S 键，将此文件命名为 "卷页效果.cdr" 保存。

9.3.2　范例解析（二）——制作水彩画效果

下面主要利用【位图】/【艺术笔触】/【水彩画】命令将导入的素材图片制作成水彩画效果，如图 9-16 所示。

1.　新建一个图形文件，然后按 Ctrl+I 键，将附盘中 "图库\第 09 讲" 目录下名为 "水果.jpg" 的文件导入。

2.　执行【位图】/【艺术笔触】/【水彩画】命令，在弹出的【水彩画】对话框中设置各项参数如图 9-17 所示。

图9-16　制作的水彩画效果　　　　　　　　　　图9-17　设置的参数

3. 单击 [确定] 按钮，即可将导入的图像制作成水彩画效果，按 $\boxed{\text{Ctrl}}$+$\boxed{\text{S}}$ 键，将此文件命名为"水彩画效果.cdr"保存。

9.3.3　范例解析（三）——制作发射光线效果

下面主要利用【位图】/【模糊】/【缩放】命令将图像制作成发射光线效果，如图9-18所示。

图9-18　制作的发射光线效果

1. 新建一个图形文件，将附盘中"图库\第09讲"目录下名为"树叶.jpg"的文件导入。

2. 执行【位图】/【模糊】/【缩放】命令，在弹出的【缩放】对话框中设置各项参数如图 9-19 所示。

3. 激活 按钮，然后将鼠标指针移动到如图 9-20 所示的位置单击，重新拾取发射光线的源点。

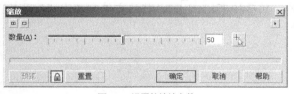

图9-19　设置的缩放参数　　　　　　　　　　图9-20　鼠标指针放置的位置

4. 单击 [确定] 按钮，即可完成发射光线效果的制作。按 $\boxed{\text{Ctrl}}$+$\boxed{\text{S}}$ 键，将此文件命名为"发射光线效果.cdr"保存。

9.3.4 范例解析（四）——制作各种天气效果

利用【位图】/【创造性】/【天气】命令可以给图像添加下雪、下雨或雾等效果，本节制作的雾效果及下雪效果如图 9-21 所示。

图9-21 制作的雾效果和下雪效果

1. 新建一个图形文件，然后将附盘中"图库\第 09 讲"目录下名为"城市.jpg"和"雪景.jpg"的图片文件导入。

2. 选择城市图片，执行【位图】/【创造性】/【天气】命令，在弹出的【天气】对话框中设置各项参数如图 9-22 所示。

3. 单击 确定 按钮，即可完成雾效果的添加。

4. 选择雪景图片，再次执行【位图】/【创造性】/【天气】命令，在弹出的【天气】对话框中设置各项参数如图 9-23 所示。

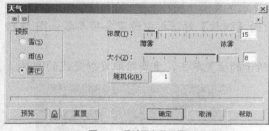

图9-22 雾效果参数设置　　　　　　　　　　图9-23 雪效果参数设置

5. 单击 确定 按钮，即可完成下雪效果的制作，然后按 Ctrl+S 键，将此文件命名为"天气效果.cdr"保存。

9.4 课后作业

1. 利用【位图】/【创造性】/【粒子】命令为星空图片添加如图 9-24 所示的星星效果。操作动画参见光盘中的"操作动画\第 09 讲\星光.avi"文件。

2. 灵活运用【位图】/【创造性】/【框架】命令为导入的素材图片添加艺术边框，效果如图 9-25 所示。操作动画参见光盘中的"操作动画\第 09 讲\艺术边框.avi"文件。

图9-24 添加的星光效果

图9-25 制作的艺术边框

3. 综合运用各种位图命令来制作如图 9-26 所示的球形字效果。操作动画参见光盘中的"操作动画\第 09 讲\球形字.avi"文件。

图9-26 制作的球形字效果

第10讲

综合实例练习

通过学习前面 9 讲的内容，相信读者已经基本掌握了 CorelDRAW X4 中的工具按钮和菜单命令的应用方法，为了使读者更加牢固地掌握这些工具和命令，并学习和了解一些在实际工作中常见广告作品的设计方法，本书最后一讲将安排一些稍微复杂的实例练习，以使读者真正达到学以致用的目的。本讲课时为 6 小时。

① 学习目标

◆ 掌握宣传单页的设计方法。
◆ 掌握包装的设计方法及立体效果图的制作方法。
◆ 掌握特殊图形的绘制技巧。
◆ 掌握各种工具和菜单命令的综合运用。

10.1 范例解析（一）——设计宣传单页

本例主要利用【矩形】工具、【渐变填充】工具、【贝塞尔】工具、【形状】工具、【文本】工具和【交互式轮廓图】工具来设计如图 10-1 所示的宣传单页。

图10-1 设计的商场宣传单页

1. 新建一个图形文件，然后双击 🔲 工具，添加一个与当前绘图窗口相同大小的矩形，并为其填充线性渐变色，渐变颜色参数设置如图 10-2 所示。

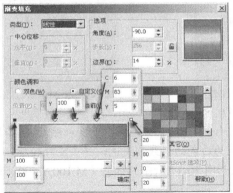

图10-2 设置的渐变颜色

2. 选择 🔯 工具，按住 **Ctrl** 键绘制出如图 10-3 所示的黄色（Y:100）五角星图形。

3. 单击属性栏中的 ⚙ 按钮，将五角星转换为具有曲线的可编辑性质，然后利用 🔧 工具将其调整至如图 10-4 所示的形态，并添加如图 10-5 所示的红色外轮廓。

图10-3 绘制的星形图形   图10-4 调整后的形态   图10-5 添加的外轮廓

4. 依次利用 🖊 和 🔧 工具，绘制并调整出如图 10-6 所示的浅黄色（Y:40）不规则图形，然后再依次绘制并调整出如图 10-7 所示的不规则图形。

5. 用与步骤 2～4 相同的方法，依次绘制出如图 10-8 所示的五角星图形和不规则图形。

图10-6 绘制的图形   图10-7 再次绘制的图形   图10-8 绘制的其他图形

6. 利用 🔘 工具及以中心等比例缩小图形的方法，绘制出如图 10-9 所示的圆形。

7. 用与步骤 6 相同的方法，依次绘制出如图 10-10 所示的圆形。

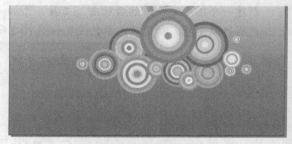

图10-9　绘制的圆形（1）　　　　　　　　　　　　图10-10　绘制及复制出的图形

8. 继续利用 ⊙ 工具绘制出如图 10-11 所示的圆形。然后为其填充【从】颜色为浅紫色（C:20,M:60），【到】颜色为白色的射线渐变色，并去除外轮廓。

9. 利用 字 工具在圆形上输入如图 10-12 所示的红色（M:100,Y:100）文字。

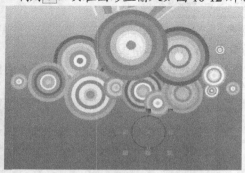

图10-11　绘制的圆形（2）　　　　　　　　　　　　图10-12　输入的文字

10. 将圆形和文字同时选择，然后用移动复制图形的方法，将其依次复制，并分别调整一下大小、位置和颜色，效果如图 10-13 所示。

11. 按 Ctrl+I 键，依次将附盘中 "图库\第 10 讲" 目录下名为 "礼物.cdr" 和 "星形.psd" 的文件导入，然后分别将其调整至合适的大小后放置到如图 10-14 所示的位置。

图10-13　复制的图形调整后的效果　　　　　　　　图10-14　图形放置的位置

12. 依次利用和工具绘制渐粉色（M:20,Y:20）无外轮廓的不规则图形，然后将其向右水平镜像复制，并分别将绘制的图形调整至如图 10-15 所示的位置。

图10-15　绘制的图形及放置的位置

13. 利用、、、和字工具，依次绘制图形并输入文字，制作出如图 10-16 所示的标头效果。

图10-16　绘制的图形及输入的文字

14. 利用字工具输入如图 10-17 所示的文字，其填充颜色参数设置如图 10-18 所示，轮廓色为黄色。

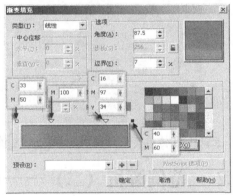

图10-17　输入的文字　　　　　　　　　　　图10-18　设置的渐变颜色

15. 选择工具，将鼠标指针移动到"盛"字上向左拖曳鼠标，为其添加交互式轮廓图效果，然后设置属性栏中的各项参数，参数设置及添加交互式轮廓图后的文字效果如图 10-19 所示。

图10-19　属性设置及添加交互式轮廓图后的文字效果

16. 利用 ⯅ 工具将文字选择，再将属性栏中 ⤺ 15.0 的参数设置为 "15"，将文字旋转，然后将其移动至如图 10-20 所示的位置。

17. 用与步骤 14～16 相同的方法，制作出如图 10-21 所示的文字效果。

图10-20　文字放置的位置　　　　　　　　　　　　　　　　　图10-21　制作出的文字效果

18. 利用 ▢ 工具绘制洋红色（M:100）无外轮廓的矩形，然后将其旋转 15° 后移动至如图 10-22 所示的位置。

19. 利用 ▣ 工具为矩形添加交互式轮廓图效果，如图 10-23 所示。

图10-22　图形放置的位置　　　　　　　　　　　　　　　　　图10-23　制作的轮廓图效果

20. 至此，宣传单页设计完成，按 Ctrl+S 键，将此文件命名为 "宣传单页.cdr" 保存。

10.2　范例解析（二）——设计香皂包装

在生活中，包装已不仅仅是保护商品的容器，它还是提高商品价值的一个重要手段。所以在设计包装时，设计者应根据不同的产品特性和不同的消费群体，分别采取不同的艺术处理和相应的印刷制作。设计包装的目的是向消费者传递准确的商品信息，树立良好的企业形象，同时对商品起到保护、美化和宣传的作用。

本节利用 CorelDRAW X4 软件来设计 "润肤佳香皂" 的包装，首先来设计图标，然后制作平面展开图，再制作出立体效果图。

10.2.1　设计香皂图标

下面先来设计香皂包装中的两个图标，如图 10-24 所示。

图10-24 设计的图标

1. 新建一个图形文件，利用 和 工具绘制出如图 10-25 所示的图形，然后为其填充渐变色，参数设置如图 10-26 所示。

2. 利用 工具在图形上绘制一个白色无外轮廓的圆形，如图 10-27 所示。

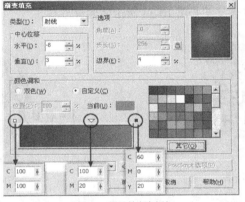

图10-25 绘制的图形   图10-26 设计的渐变颜色   图10-27 绘制的白色圆形

3. 选择 工具，然后将属性栏中的 射线 设置为"射线"，添加透明后的效果如图 10-28 所示。

4. 利用 工具并结合移动复制及缩放图形的操作，依次复制出如图 10-29 所示的图形。

5. 将所有圆形同时选择，然后利用【效果】/【图框精确剪裁】/【放置在容器中】命令，将其放置到不规则图形中，效果如图 10-30 所示。

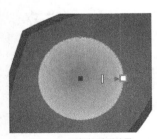
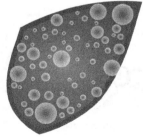
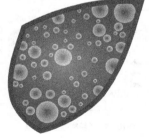

图10-28 添加的透明效果   图10-29 复制出的图形   图10-30 放置在容器中的效果

6. 利用 和 工具，在不规则图形的下方绘制并调整出如图 10-31 所示的红色（M:100,Y:100）图形。

7. 利用 ▢ 工具将最先绘制的不规则图形选择，将其外轮廓颜色设置为白色，然后利用 ▢ 工具为其添加交互式阴影效果，其属性栏中各参数及添加交互式阴影后的图形效果如图 10-32 所示。

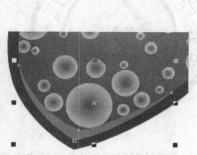

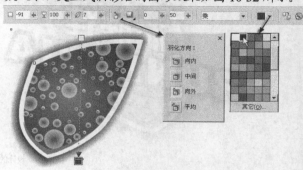

图10-31 绘制的红色图形

图10-32 阴影效果

8. 选择 字 工具，在图形上面依次输入如图 10-33 所示的白色文字和汉语拼音字母，其轮廓颜色为蓝色（C:100,M:100）。

9. 利用 ▢ 工具分别将文字调整至如图 10-34 所示的倾斜形态。

图10-33 输入的文字

图10-34 倾斜形态

10. 确认汉语拼音字母处于选择状态，选择 ▢ 工具，弹出【轮廓笔】对话框，设置各选项及参数如图 10-35 所示。

11. 单击 确定 按钮，设置轮廓属性后的文字效果如图 10-36 所示；然后利用 ▢ 工具为文字添加如图 10-37 所示的交互式阴影效果。

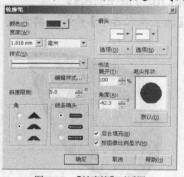

图10-35 【轮廓笔】对话框

图10-36 轮廓效果

图10-37 阴影效果

12. 利用 字 和 ▢ 工具依次输入并调整出如图 10-38 所示的文字；然后利用 ▢ 工具为"专业保护健康全家"文字添加交互式阴影，效果如图 10-39 所示，其阴影颜色为蓝色（C:100,M:100）。

图10-38　输入的文字　　　　　　　　　　　　　　图10-39　阴影效果

下面再来设计另一种图标。

13. 利用 🔲 和 🔲 工具，绘制出如图 10-40 所示的浅绿色（C:60,Y:40,K:20）无外轮廓的不规则图形。

14. 选择 🔲 工具，在浅绿色图形的下方按住鼠标左键并向下拖曳，为其添加如图 10-41 所示的交互式透明效果。

15. 利用旋转复制操作，依次将浅绿色图形旋转复制，效果如图 10-42 所示。

图10-40　绘制的图形　　　　　图10-41　交互式透明效果　　　　图10-42　旋转复制出的图形

16. 利用 🔲 工具分别调整复制出图形的位置，然后分别为其填充黄色（M:30,Y:100）和蓝色（C:100,M:100），效果如图 10-43 所示。

17. 选择 🔲 工具，单击属性栏中的 🔲 按钮，在弹出的选项面板中选择如图 10-44 所示的形状，然后绘制出如图 10-45 所示的红色（M:100,Y:100）心形。

图10-43　调整后的效果　　　　　图10-44　形状面板　　　　　　图10-45　绘制的图形

18. 利用 🔲 工具在图形的左侧再绘制出如图 10-46 所示的圆形。

19. 将右侧的图形选择，按住鼠标右键向左侧的圆形上拖曳，状态如图 10-47 所示。

20. 释放鼠标右键后，在弹出的右键菜单中选择【图框精确剪裁内部】命令，将图形放置到圆形的内部，然后再绘制一个大一些的圆形，如图 10-48 所示。

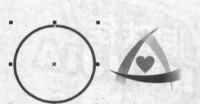
图10-46　绘制的圆形

图10-47　移动图形

图10-48　图形放置到圆形的内部

21. 利用 字 工具输入如图 10-49 所示的文字，然后执行【文本】/【使文本适合路径】命令，并将鼠标指针移动到大的圆形位置，状态如图 10-50 所示。

22. 移动鼠标指针来确定文字在路径上的位置，然后单击确定。再将属性栏中 -3.0 mm 的参数设置为"－3.0mm"，按 Enter 键确认。

23. 利用 字 工具在图形的下面再输入"勤洗手 防疾病"文字，如图 10-51 所示。

图10-49　输入的文字

图10-50　鼠标指针位置

图10-51　输入的文字

24. 使用【文本】/【使文本适合路径】命令，将文字沿圆形路径排列，如图 10-52 所示。

25. 分别单击属性栏中的 和 按钮，再设置 -1.5 mm 30.0 mm 的参数分别为"－1.5 mm"和"30.0 mm"，按 Enter 键确认，调整后的文字效果如图 10-53 所示。

图10-52　制作的路径文字

图10-53　调整文字位置

26. 至此，图标设计完成，按 Ctrl+S 键，将此文件命名为"图标.cdr"保存。

10.2.2　设计香皂平面展开图

下面来设计香皂包装的平面展开图，最终效果如图 10-54 所示。

1. 新建一个横向的图形文件，根据包装展开面的尺寸添加辅助线，再利用基本绘图工具绘制出香皂包装平面展开的结构图形，如图 10-55 所示。

> **要点提示** 后面的蓝色图形只是衬托包装主画面用的，读者可以任意设置颜色，包装的结构图形颜色为浅粉红色（C:10,M:13,Y:3）和白色。

图10-54 设计的包装平面展开图

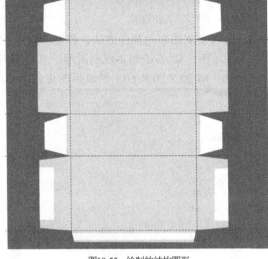

图10-55 绘制的结构图形

2. 利用 ![]和 ![]工具，在包装的主展面上依次绘制出如图 10-56 所示的白色无外轮廓不规则图形。

3. 利用 ![]工具为大的白色图形添加如图 10-57 所示的交互式透明效果。

图10-56 绘制的白色图形

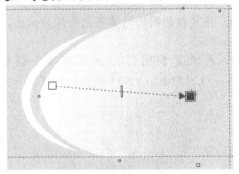

图10-57 添加交互式透明效果

4. 选择小白色图形，并选择 ![]工具，然后在属性栏中将 标准 设置为"标准"，生成的效果如图 10-58 所示。

5. 将调整后的两个白色图形同时选择并群组，然后向上移动复制，并利用调整图形大小的操作将复制出的图形调整至如图 10-59 所示的大小及位置。

6. 选择 ![]工具，为调整后的群组图形添加如图 10-60 所示的交互式阴影效果。

图10-58 添加交互式透明效果

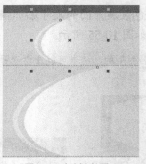

图10-59 复制出的图形

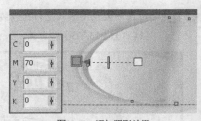

图10-60 添加阴影效果

7. 用移动复制图形的操作方法，将添加阴影后的群组图形向下移动复制，效果如图 10-61 所示。

8. 利用 和 工具绘制不规则图形，然后利用 工具为其填充由深黄色（C:13,M:35,Y:90）到深褐色（M:20,Y:20,K:60）的线性渐变色，如图 10-62 所示。

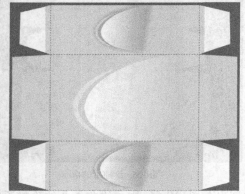

图10-61 复制出的图形

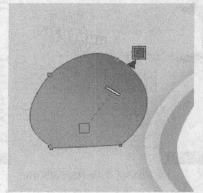

图10-62 填充渐变色

9. 利用 工具绘制出如图 10-63 所示的深黄色（C:13,M:35,Y:90）无外轮廓椭圆形，然后按键盘数字区中的 键将其在原位置复制。

10. 将复制的图形的填充色修改为白色，然后用缩小图形的方法将其缩小至如图 10-64 所示的形态。

11. 再次复制图形，并进行缩小调整，然后利用 工具为复制出的图形填充由灰色（C:15,M:10,Y:30）到白色的线性渐变色，如图 10-65 所示。

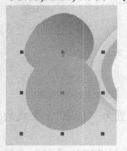

图10-63 绘制的图形

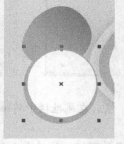

图10-64 填充白色效果

图10-65 填充渐变色

12. 将椭圆形同时选择并群组，然后分别移动复制并调整大小及位置，再将上一小节设计的图标导入，调整至合适的大小后分别放置到如图 10-66 所示的位置。

图10-66 导入的图标

13. 用与步骤 12 相同的方法，为主展面添加图形和图标，效果如图 10-67 所示。

14. 选择 ▢ 工具，根据辅助线绘制矩形，然后将其与下方的图形同时选择，如图 10-68 所示。

15. 单击属性栏中的 ▢ 按钮，用矩形将下方的圆形修剪，效果如图 10-69 所示。

图10-67 添加的图标

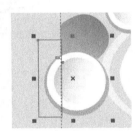

图10-68 绘制的图形

图10-69 修剪后的形态

16. 灵活运用移动复制操作、调整图形大小和旋转图形等操作，在包装展开面中复制图形，并利用 字 工具输入文字，效果如图 10-70 所示。

图10-70 复制的图形及输入的文字

17. 利用沿路径排列文字的方法，在包装盒的侧面制作出如图 10-71 所示的标签效果，然后用移动复制图形的方法将其移动复制，并调整至如图 10-72 所示的位置。

零点提示 制作标签的方法是先绘制圆形作为路径，然后输入文字，并将文字适配至圆形路径，再执行【排列】/【拆分】命令，将圆形路径和文字拆分为单独的整体，最后选择圆形并删除即可。

最后来制作底面。

18. 利用 □ 工具绘制填充色为白色，外轮廓线为洋红色（M:100）的矩形，然后执行【效果】/【透镜】命令，在弹出的【透镜】面板中选择"透明度"选项，并将【比率】的参数设置为"40%"。

19. 利用 🔧 工具将矩形调整至如图 10-73 所示的圆角矩形形态。

图10-71 绘制的标签

图10-72 复制的标签

图10-73 绘制的图形

20. 利用 ○ 工具在圆角矩形中绘制出如图 10-74 所示的圆形，颜色为洋红色（M:100）。

21. 选择 🖊 工具，弹出【轮廓笔】对话框，参数设置如图 10-75 所示。单击 确定 按钮，生成的圆形效果如图 10-76 所示。

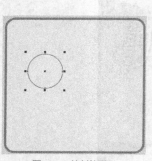

图10-74 绘制的圆形

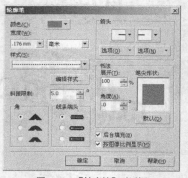

图10-75 【轮廓笔】对话框

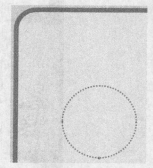

图10-76 圆形效果

22. 利用 ○ 和 ■ 工具及移动复制操作，依次制作出如图 10-77 所示的图形效果，其渐变颜色参数设置如图 10-78 所示。

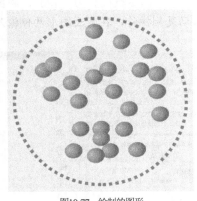

图10-77 绘制的图形

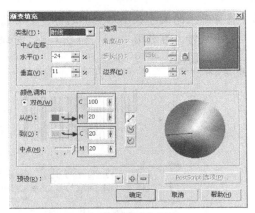

图10-78 渐变颜色设置

23. 将虚线边框的圆形向右水平移动复制，然后利用 、和工具，并结合移动复制、缩放和旋转图形的操作，制作出如图 10-79 所示的图形，其填充色为由蓝色到白色的线性渐变色。

24. 选择![字]工具，在圆角矩形内依次输入如图 10-80 所示的红色（M:100,Y:100）和黑色文字。

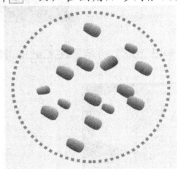

图10-79 绘制的图形

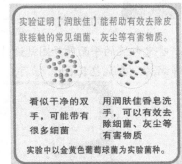

实验证明【润肤佳】能帮助有效去除皮肤接触的常见细菌、灰尘等有害物质。

看似干净的双手，可能带有很多细菌

用润肤佳香皂洗手，可以有效去除细菌、灰尘等有害物质

实验中以金黄色葡萄球菌为实验菌种。

图10-80 输入的文字

25. 利用![字]、![○]和![□]工具，在背面图形上依次输入并制作出如图 10-81 所示的文字和条形码。

实验证明【润肤佳】能帮助有效去除皮肤接触的常见细菌、灰尘等有害物质。

看似干净的双手，可能带有很多细菌

用润肤佳香皂洗手，可以有效去除细菌、灰尘等有害物质

实验中以金黄色葡萄球菌为实验菌种。

- 八年多来，润肤佳以专业的知识，始终致力于全民卫生及健康教育，推动中国亿万家庭的健康步伐。
- 全新装润肤佳香皂含有健康配方，在洗浴中帮助有效去除皮肤接触到的常见细菌、灰尘等有害物质。
- 蕴含天然木瓜油精华，温和呵护，有助于护养肌肤。
- 持续帮助保持肌肤健康。
- 经常使用润肤佳香皂洗手、洗澡，养成良好的卫生习惯。
- 泡沫丰富，清香怡人，是理想的家庭用香皂。

若有意见或问题请用固定电话拨打：0000-00000000
或寄信海州市田园西路中商国际广场丽洁公司消费者服务部
37165海州丽洁有限公司
海州市经济技术开发区田园路1号 邮编：000000
产品标准：Q/(AA)D0122型
生产批号及期限使用日期（年月日）见封口标志

图10-81 输入的文字

26. 将背面上的文字及图形全部选择，然后将属性栏中 ⟲ 180.0 ° 的参数设置为 "180"，将图形及文字旋转。再利用 字、○ 和 □ 工具，并结合旋转和移动复制操作，在背面图形两侧输入文字并绘制图形，如图 10-82 所示。

图10-82　输入的文字及绘制的图形

27. 至此，香皂包装的平面展开图就设计完成了，整体效果如图 10-83 所示。按 Ctrl+S 键，将此文件命名为 "香皂包装.cdr" 保存。

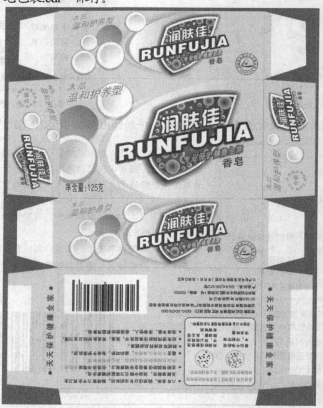

图10-83　设计完成的包装平面展开图

10.2.3　制作香皂立体效果

下面在制作平面展开图的基础上来制作包装盒的立体效果，如图 10-84 所示。

图10-84　制作的立体效果

1. 打开上面制作的包装平面展开图，然后按 Shift+Ctrl+S 键，将此文件另命名为"包装立体效果图.cdr"保存。

2. 利用 ▣ 工具将多余的图形删除，只保留如图 10-85 所示制作立体包装所需要的 3 个面。

3. 将背景调整小一点，然后利用 ▣ 工具填充上由深色到浅色的渐变色，具体颜色参数读者可自行设置，如图 10-86 所示。

图10-85　保留的面

图10-86　填充渐变色

4. 将顶面图形全部选择并群组，执行【位图】/【转换为位图】命令，弹出如图 10-87 所示的【转换为位图】对话框，设置选项和参数后单击 确定 按钮。

5. 用与步骤 4 相同的方法，分别将其他两个面也转换成位图。

6. 将正面图形选择后再在图形上单击，出现旋转和变形控制符号，然后将其调整至如图 10-88 所示的透视形态。

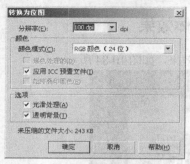

图10-87 【转换为位图】对话框

图10-88 调整透视

7. 利用 工具将右下角稍微向上调整，使右边的高度稍微比左边的高度小一点来符合立体透视规律，如图 10-89 所示。

8. 使用相同的调整方法，将顶面调整成如图 10-90 所示的透视。

图10-89 调整透视

图10-90 调整顶面透视

9. 继续把左侧面调整成如图 10-91 所示的透视形态。

10. 将左侧面选择，执行【效果】/【调整】/【亮度/对比度/强度】命令，设置参数及变暗后的侧面如图 10-92 所示。

图10-91 调整侧面透视

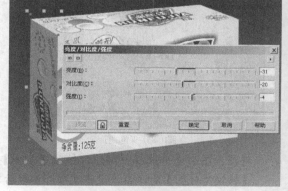

图10-92 调整侧面明暗

11. 用与步骤 10 相同的方法，将顶面选择并稍微降低一下明度和对比度，效果如图 10-93 所示。

12. 利用 工具将前立面图形选择，然后垂直翻转复制得到如图 10-94 所示的倒立面。

图10-93　调整顶面明暗

图10-94　垂直翻转复制出的面

13. 在图形上单击出现旋转和变形控制符号，然后将其调整成如图 10-95 所示的形态。

14. 选择　工具，给图形制作如图 10-96 所示的交互式透明效果。

图10-95　调整图形

图10-96　制作交互式透明效果

15. 利用　工具将倒影下面多出的部分向上调整，如图 10-97 所示。

16. 用与步骤 12～15 相同的方法，为左侧面也制作出倒影，效果如图 10-98 所示。

图10-97　调整多余的部分

图10-98　制作的倒影

17. 至此，包装盒的立体效果制作完成，按 Ctrl+S 键保存。

10.3 课后作业

1. 主要利用【矩形】工具、【星形】工具、【形状】工具、【椭圆形】工具及【交互式透明】工具和【效果】/【图框精确剪裁】命令设计出如图 10-99 所示的开业海报。操作动画参见光盘中的"操作动画\第 10 讲\开业海报.avi"文件。

2. 主要利用【矩形】工具、【贝塞尔】工具、【形状】工具和【交互式透明】工具，并结合【效果】/【图框精确剪裁】命令来设计酒包装，最终效果如图 10-100 所示。操作动画参见光盘中的"操作动画\第 10 讲\酒包装.avi"文件。

图10-99 设计的开业海报

图10-100 设计的酒包装